ISBN 978-3-662-22707-7   ISBN 978-3-662-24636-8 (eBook)
DOI 10.1007/978-3-662-24636-8

Die in den Sitzungsberichten Abtlg. I und Abtlg. IIa der math.-nat. Klasse der Österr. Ak. d. Wiss. erscheinenden Abhandlungen werden auch einzeln abgegeben. Sie können durch jede Buchhandlung oder direkt durch die Auslieferungsstelle der Österreichischen Akademie der Wissenschaften (Wien I, Singerstraße 12) bezogen werden.

Nachfolgende Abhandlungen aus dem Fach der **Zoologie** sind erschienen:

1956 (S I Bd. 165.):

Brehm V.: Bemerkungen zu einigen neueren Cladocerenfunden aus Amerika (mit 2 Textabbildungen). S 9.—

Brehm V.: Über einige Entomastraken Südamerikas (mit 7 Textabbildungen). S 8.50

Janczyk F. St. W.: Anatomie von Siro duricorius Joseph im Vergleich mit anderen Opilioniden (mit 28 Textabbildungen). S 40.—

Mathes Ingeborg: Zur systematischen Stellung der Gattung Platyarthus Brandt (mit 9 Textabbildungen). S 10.50

Medwenitsch W.: Zur Geologie Vardarisch-Makedoniens (Jugoslawien) zum Problem der Pelagoniden (mit 11 Abbildungen im Text und auf 2 Tafeln und 2 Beilagen). S 51.—

Schiller J.: Untersuchungen an den planktischen Protophyten des Neusiedler Sees 1950—1954 III. Teil: Euglenen (mit 70 Abbildungen auf 15 Tafeln). S 47.80

1957 (S I Bd. 166):

Janetschek H. und Steiner W.: Zoologisch-systematische Ergebnisse der Studienreise in die spanische Sierra Nevada 1954.
Janetschek H.: I. Einführung. S 2.80
Wagner E.: II. Einige neue Heteropteren (mit 26 Textabbildungen). S 7.60
Lengersdorf F.: III. Neue Lycoriiden (Sciariden) (Ins., Diptera) (mit 1 Textabbildung). S 3.—
Schmitz H. S. J.: IV. Phoridae (Diptera) (mit 5 Textabbildungen und 3 Tafeln). S 18.10
Priesner H.: V. Thysanoptera.
Roudier A.: VI. Drei neue Curculioniden-Arten (Coleoptera) (mit 1 Textabbildung). S 10.—
Denis J.: VII. Araneae (mit 23 Textabbildungen und 1 Tafel). S 31.50
Scheller U.: VII. Symphyla. S 3.—

Kühnelt W.: Ergebnisse der Österreichischen Iran-Expedition 1949/50. Die Tenebrioniden Irans (mit 1 Tafel). S 33.20

Kühnelt W.: Weiß als Strukturfarbe bei Wüstentenebrioniden (mit einem Beitrag von C. Koch, Pretoria) (mit 1 Tafel). S 8.60

Starmühlner F.: Ergebnisse der Österreichischen Island-Expedition 1955. Zur Individuendichte und Formänderung von Lymnaea peregra Müller in isländischen Thermalbiotopen (mit 7 Textabbildungen und 2 Tafeln). S 46.80

Starmühlner F.: Ergebnisse der Österreichischen Iran-Expedition 1949/50. Beiträge zur Kenntnis der Molluskenfauna des Iran, und Edlauer Ä.: Konchyliologische Bestimmungen und Beschreibungen (mit 17 Textabbildungen, 3 Tafeln und 1 Beilage).

Tollmann A.: Die Mikrofauna des Burdigal von Eggenburg (Niederösterreich). (mit 2 Textabbildungen. 7 Tafeln und 2 Tabellen). S 45.90

Wettstein O.: Nachtrag zu meiner Herpetologia aegaea (mit 2 Textabbildungen und 8 Tafeln). S 56.60

1958 (SI Bd. 167):

Amsel Hans Georg: Ergebnisse der Österreichischen Iran-Expedition 1949/50. Lepidoptera II. (Microlepidoptera) (mit 1 Tafel und 7 Textabbildungen). S 12.60

Beier Max, Reimoser E. und Kritscher E.: Zoologische Studien in West-Griechenland. VII. Teil Araneae. S 5.70

Beier Max und Scheerpeltz Otto: Zoologische Studien in West-Griechenland. VIII. Staphylinidae (Col.) (mit 1 Textabbildung). S 48.30

Brehm V.: Bemerkungen zu einigen Kopepoden Südamerikas (mit 5 Textabbildungen). S 25.60

Brehm V.: Die systematischen Verhältnisse bei Notodiaptomus Anisitsi Daday und perelegans Wright (mit 4 Textabbildungen). S 10.50

Löffler Heinz: Die Klimatypen des holomiktischen Sees und ihre Bedeutung für zoogeographische Fragen (mit 1 Textabbildung und 1 Beilage). S 27.30

Mihelčič Franz: Zoologisch-systematische Ergebnisse der Studienreise von H. Janetschek und W. Steiner in die spanische Sierra Nevada 1954, IX. Milben (Acarina) (mit 10 Textabbildungen). S 21.60

Nemenz Harald: Beitrag zur Kenntnis der Spinnenfauna des Seewinkels (Burgenland, Österreich) (mit 3 Textabbildungen). S 27.30

Reisser Hans: Ergebnisse der Österreichischen Iran-Expedition 1949/50. Lepidoptera I. (Macrolepidoptera) (mit 44 Abbildungen auf 9 Tafeln und 1 Karte). S 57.70

Scheminzky F. und Stipperger H.: Über die Fluoreszenz der Eihäute beim Weberknecht Gyas annulatus (mit 1 Textabbildung und 1 Tafel). S 8.10

Schuster Reinhart: Beitrag zur Kenntnis der Milbenfauna (Oribatei) in pannonischen Trockenböden (mit 4 Textabbildungen). S 12.60

Viets O. Kurt: Wassermilben aus der Schwechat (Wienerwald) (mit 20 Textabbildungen). S 19.80

Zur Limnologie, Entomostraken- und Rotatorienfauna des Seewinkelgebietes (Burgenland, Österreich).[1]

Von Heinz Löffler, Wien

(II. Zoologisches Institut der Universität)

Mit 5 Textabbildungen und 4 Tafeln

(Vorgelegt in der Sitzung am 19. März 1959)

Inhalt.

Einleitung.

Die etwa 80 östlich vom Neusiedler See, am Westrand der ungarischen Tiefebene gelegenen flachen Gewässer bieten sich, auf verhältnismäßig beschränktem Raum geschart, als vorzügliche Objekte limnologischer und ökologischer Forschung überhaupt an. Der Vorzug eines in diesem Gebiet fast einheitlichen Klimas ist verbunden mit einer auffälligen Mannigfaltigkeit chemischer Eigenschaften und einer Vielfalt anderer physiographischer Eigenheiten.

---

[1] Entspricht dem 2. Teil der Seewinkeluntersuchungen, vgl. Löffler 1957.

So läuft quer durch die ansteigende Ordnung der durchwegs alkalischen Gewässer die verschiedene Größenordnung der einzelnen, hauptsächlich Anionengehalte und ebenso die Skala der Trübungsgrade, die unmittelbar mit der Beschaffenheit des See- oder Lackenbeckens in Zusammenhang stehen.

In einer ersten Untersuchung (Löffler 1957) konnten folgende Ergebnisse hervorgehoben werden:

1. Im gesamten Gebiet ist eine deutliche geographische Anordnung von Carbonat- resp. Bicarbonatgewässern, von Chlorid- und Sulfatgewässern zu erkennen.

2. Auch in der verhältnismäßig artenarmen winterlichen Entomostraken- und Rotatorienfauna lassen sich einige natronophile, wenig halophile Formen feststellen. Und

3. Hauptfaktoren für die Verteilung der Arten sind Ausmaß der Trübung und Alkalinität.

Im zweiten Teil der regionalen Seewinkel-Untersuchung sollen nun vor allem der jahreszeitliche Ablauf der Entomostraken- und Rotatorienfaunenaspekte und die ebenfalls jahreszeitlich bedingte Entwicklung limnochemischer Bedingungen zur Darstellung gelangen. Für diese Zusammenstellung wurden, wie bereits gelegentlich der winterlichen Untersuchung, Probenentnahmen aus bis zu 58 Gewässern jeweils innerhalb möglichst kurzer Zeiträume in folgenden Monaten entnommen:

<table>
<tr><td>18.–20. April 1957</td><td>14., 29. Juni 1958</td></tr>
<tr><td>8.–11. Juni 1957</td><td>13. Juli 1958</td></tr>
<tr><td>23.–25. Oktober 1957</td><td>8.–15. November 1958</td></tr>
</table>

Insgesamt standen 170 Proben für chemische Analysen, etwa 200 Proben für die Untersuchung von Entomostraken und Rotatorien zur Verfügung, die nun Unterlage für die folgenden Ausführungen sind.

Wie bereits gelegentlich der oben zitierten Arbeit habe ich für das Zustandekommen dieser Studie Herrn Prof. W. Kühnelt (der selbst wertvolles Material für die Novemberaufsammlung 1958 beisteuerte), Herrn Prof. K. Höfler für sein freundliches Interesse an den Untersuchungen und ebenfalls einige Proben und der Österreichischen Akademie der Wissenschaften für die finanzielle Unterstützung des Unternehmens zu danken. Bereichert konnte die vorliegende Arbeit durch die neuen Kartenunterlagen und zweckdienlichen Luftaufnahmen während der Untersuchungsperiode werden, die das Bundesamt für Vermessungswesen freundlicherweise

weise zur Verfügung stellte. Ebenso geschah dies durch die Daten eines im Druck befindlichen meteorologischen Berichtes von Herrn Dr. W. FRIEDRICH. Nicht zuletzt bin ich aber vor allem meiner Frau zu Dank verpflichtet, die in den heißen Sommermonaten während meiner Abwesenheit die mühevolle und sachgemäße Entnahme der Proben durchführte.

Methodik.

Die Aufsammlung der Entomostraken und Rotatorien erfolgte in den fraglichen Gewässern, wie bereits angedeutet, innerhalb möglichst kurzer Zeiträume, um die Ergebnisse unmittelbar vergleichen zu können. Nie überschritt die Entnahmezeit den Zeitraum von einer Woche, meist konnte diese Arbeit innerhalb von 3 Tagen durchgeführt werden. Es mag an dieser Stelle angeführt werden, daß die Rotatorienliste keinen Anspruch auf Vollständigkeit erheben kann, da die Sammeltechnik in erster Linie auf planktische und bodenbewohnende Formen abgestimmt war. So sind sessile Arten, hauptsächlich auf Wasserpflanzen, beinahe zwangsläufig übersehen worden.

Die an sich wünschenswerten Transmissionsmessungen mußten auch diesmal mangels eines entsprechend handlichen Gerätes (für die extrem flachen Gewässer) unterbleiben und durch Sedimentationsmessungen ersetzt werden. Auch die Messung humöser Färbung erfolgte bloß relativ, wobei die Endpunkte dieser Farbskala mit Methylorange festgelegt wurden (OHLE 1933). Die chemischen Analysen beschränkten sich wieder auf Leitvermögen (PHILIPS GM 4227), Säurebindungsvermögen, komplexometrische Bestimmung von Totalhärte, Ca^{++} und Mg^{++} und Flammphotometrie der Na^+- und K^+-Werte sowie Cl^--Titration nach MOHR. Da die genannten Verfahren eine hinlängliche Genauigkeit garantieren, konnten die SO_4^{++}-Werte errechnet werden, um so mehr als Ammonium und Nitrate selten nur in störend hohen Mengen vorliegen dürften. Trotzdem wolle man diese Werte als bedingt richtig ansehen, worauf auch bei der Diskussion des Sulfathaushaltes Rücksicht zu nehmen sein wird.

Klima
des Seewinkelraumes während der Untersuchungszeit.

Die klimatischen Bedingungen sind für die Verteilung besonders passiv verschleppbarer Wasserorganismen von hervorragender Bedeutung; ihnen kommt, großräumig gesehen, eine entscheidende Schlüsselstellung für zoogeographische Fragen dieser Organismen überhaupt zu. In einer Arbeit (LÖFFLER 1958) versuchte ich zu diesen Fragen am Beispiel holomiktischer Seen Stellung zu nehmen. Offensichtlich muß aber auch für flache Gewässer, die keinen Zirkulationsperioden unterliegen, das großräumige Klima die Zusammensetzung der passiv verbreitbaren Fauna in erster Linie deutlich beeinflussen und Ausmaß von Kontinentalität und Ozeanität für die Faunenaspekte maßgeblich sein: ich hoffe am Ende dieser Studie einige Hinweise dafür geben zu können. Ich konnte bereits im ersten Teil der Seewinkelstudien betonen, daß das Klima des fraglichen Gebietes in keiner Weise, wie vielfach zitiert, arid ist, dagegen trägt der Alpenostrand und im besonderen das nördliche Burgenland deutliche Merkmale kontinentalen Klimas, die etwa den Nordalpen durch vorherrschende W- und NW-Strömungen noch fast abgehen. Dies kommt deutlich zum Ausdruck, wenn man sich des Thermoisoplethendiagrammes bedient, das ich versuchte (Abb. 1) für Andau darzustellen. Ein derartiges Diagramm liefert den vollständigsten Überblick über das thermische Verhalten eines Ortes, da sowohl tages- als auch jahreszeitlicher Temperaturgang desselben veranschaulicht werden (vgl. TROLL, 1943, 1955 usw.). Es mag hier gleichzeitig auch eine Vorstellung über den Temperaturgang in den flachen Gewässern geben, der von jenem der Lufttemperaturen auf lange Sicht kaum stark abweichen wird (Verdunstung und Insolation mögen zu kurzfristigen Abweichungen führen). Unser Diagramm läßt an der rhombischen Form der einzelnen Kurven die geographische Breite, an der Dichte der Kurvenschar deutlich die kontinentalen Züge erkennen. Tatsächlich sind nun jährliche Temperaturschwankungen bis zu 22⁰C, noch mehr aber Niederschlagsarmut, geringe Zahl der Niederschlagstage, relativ geringe Bewölkung für den Seewinkel charakteristisch. Zusätzlich trägt dann noch in den ebenen Teilen des Burgenlandes starke Durchlüftung zu den Trockenheitserscheinungen bei, doch liegen die Ariditätsindizes auch für die Sommermonate noch immer über der Trockengrenze. Kurz seien nun die wichtigsten Daten nach FRIEDRICH (in Vorber.) referiert:

Temperatur: Kennzeichnend sind die höchsten Jahresmittel für Österreich, wahrscheinlich bis 10,0⁰C (langjähriges Mittel 1901–1950), ferner das hohe Aprilmittel von über 10,0⁰C, ein Julimittel von über 20⁰C und besonders die hohen Herbsttemperaturen: Oktobermittel über 10⁰C. Diese Frühjahrs- und Herbstmittel werden später die Erklärung für das zeitlich stark ausgedehnte Vorkommen der Sommerformen, wie *Moina* und *Diaphanosoma*, sein. Absolute Temperaturmaxima liegen im Gebiet bei fast 40⁰C, die Minima bei —25,5⁰C. Da der benachbarte Neusiedler See infolge seiner geringen

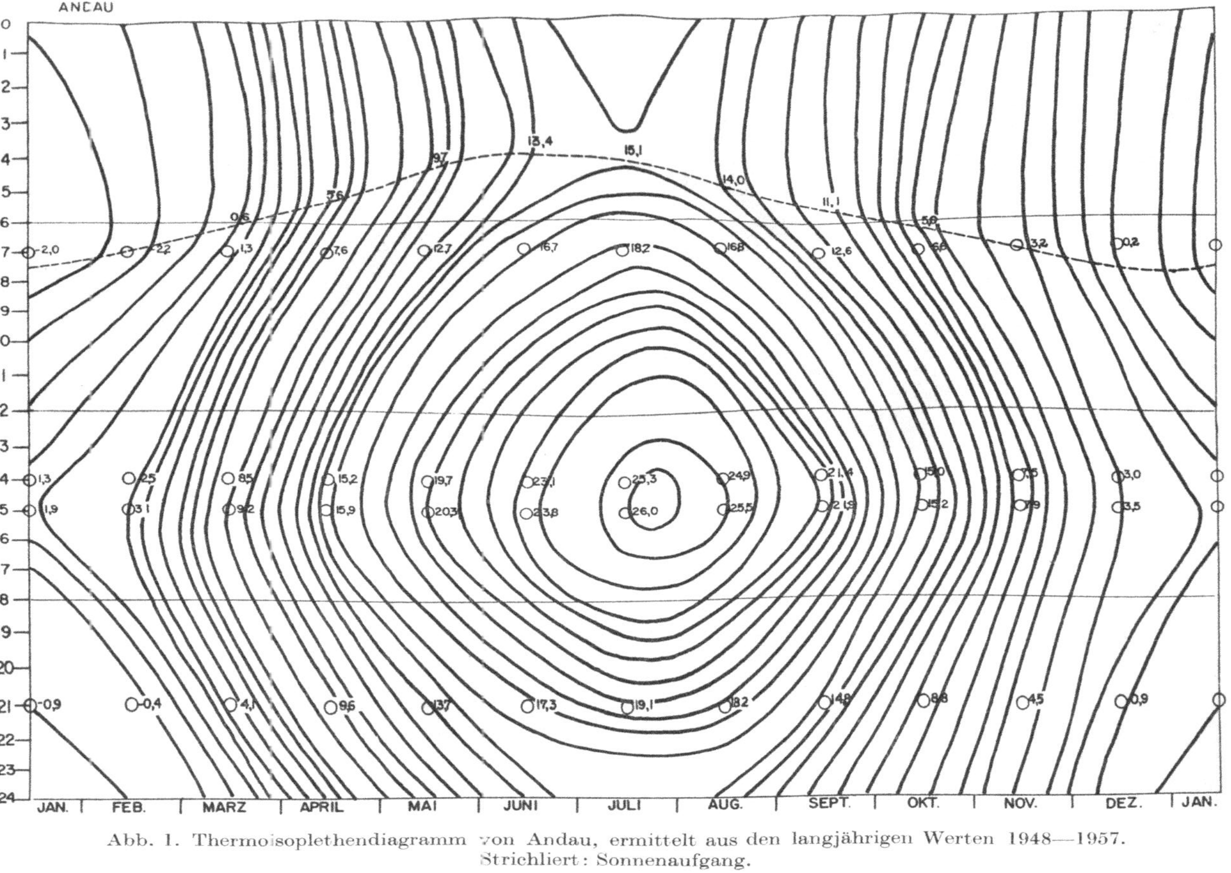

Abb. 1. Thermoisoplethendiagramm von Andau, ermittelt aus den langjährigen Werten 1948—1957. Strichliert: Sonnenaufgang.

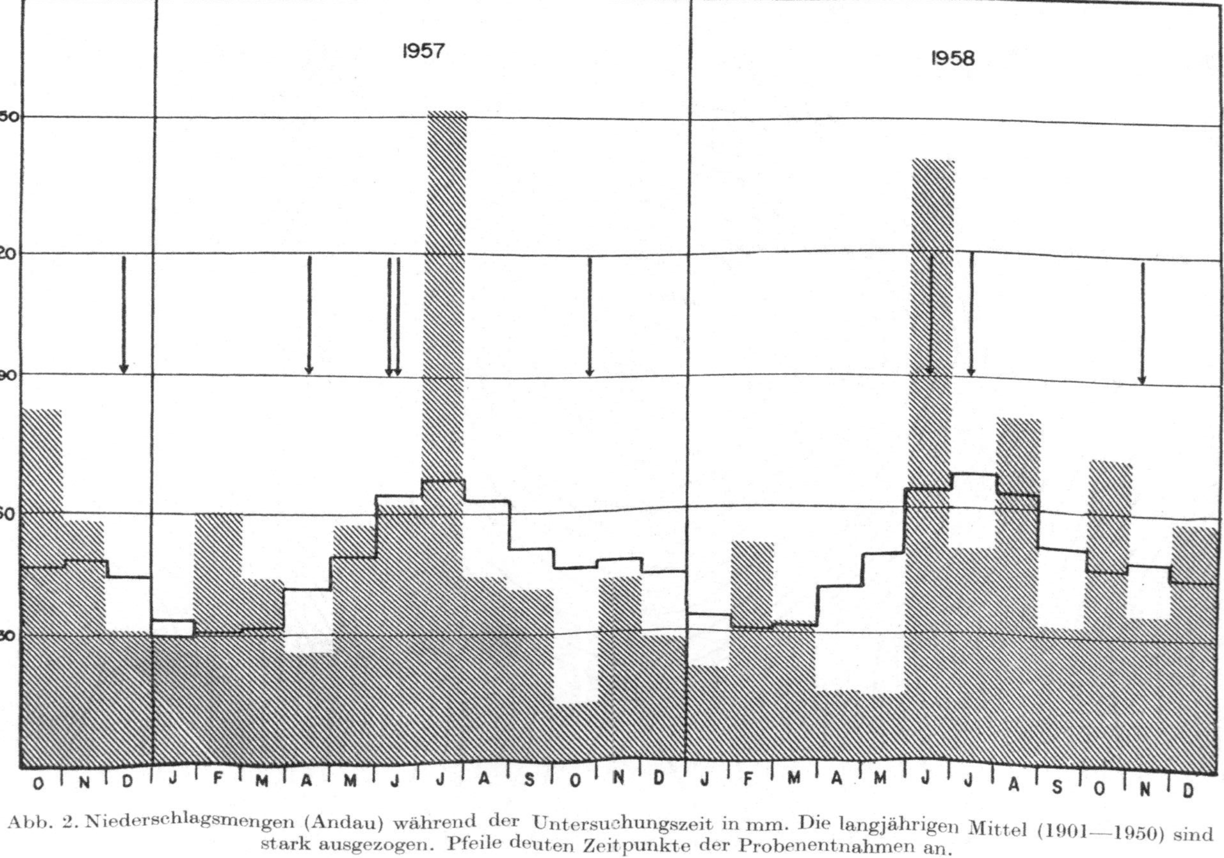

Abb. 2. Niederschlagsmengen (Andau) während der Untersuchungszeit in mm. Die langjährigen Mittel (1901—1950) sind stark ausgezogen. Pfeile deuten Zeitpunkte der Probenentnahmen an.

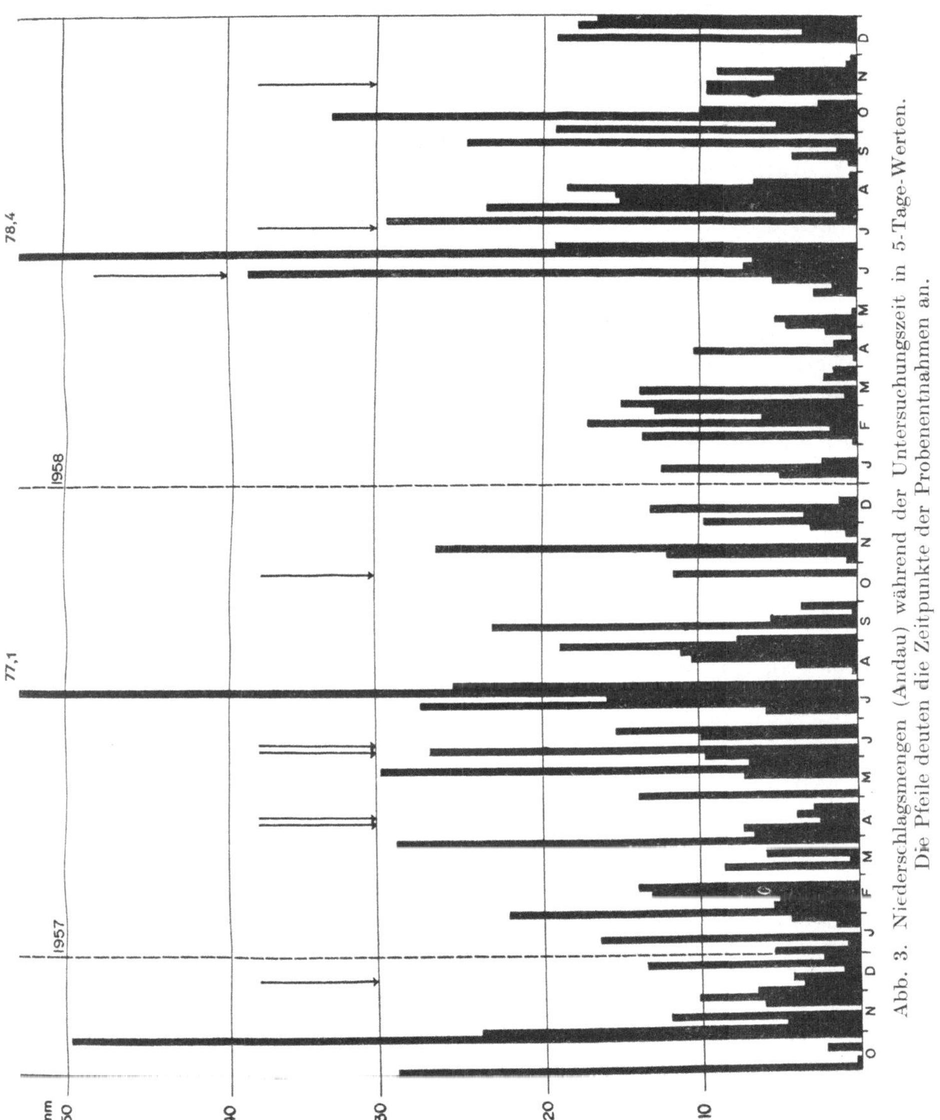

Abb. 3. Niederschlagsmengen (Andau) während der Untersuchungszeit in 5-Tage-Werten. Die Pfeile deuten die Zeitpunkte der Probenentnahmen an.

Tiefe rasch zufriert, ist er (übrigens auch sonst nicht) kaum von milderndem Einfluß. Die Zahl der Frosttage beträgt bei Andau 90 (was von entscheidendem Einfluß auf den chemischen Zustand der Gewässer ist), das Tagesmittel von 5° C wird schon am 15. 3. überschritten, am 12. 11. im Gebiet unterschritten.

Feuchtigkeit und Niederschläge: Die relative Feuchtigkeit schwankt in Andau zwischen 66 und 82%, Jahresmittel sind 73%. Auffallend hoch ist die Zahl der Tage mit Niederschlägen $\geqq 0,1$ mm, nämlich 122, Niederschlagsmengen von über 50 mm/Tag gehören zu den höchsten im Burgenland, die je gemessen wurden. Abb. 2 bringt nun eine Zusammenstellung der langjährigen Monatsmittel, wobei auf diesem Schaubild auch die während der Untersuchungsperiode aufgetretenen Niederschlagsmengen zur Darstellung gelangen. Der erste Untersuchungstermin fällt in den Dezember 1956 nach einem trockenen Spätsommer, aber zwei vorausgegangenen regenreichen Monaten. Der nächste Zeitpunkt, April, selbst in einem überdurchschnittlich trockenen Monat gelegen, folgt ebenfalls auf zwei niederschlagsreiche Monate. Der Frühsommer entspricht fast den langjährigen Mittelwerten, doch liegt zwischen dieser und der herbstlichen Probenentnahme ein auffallend hoher Juliniederschlagswert, auf den ein besonders trockener Spätsommer und Herbst folgt, so daß der Oktobertermin guten Einblick in die in Austrocknung begriffenen Gewässer liefert. Wie Abb. 2 und 3 zeigen, liegen allerdings auch hier vor den Probenentnahmen einige schwache Regentage, die auf eine mehrwöchige totale Trockenperiode folgen. Einige solcher Regenfälle liegen auch vor der frühsommerlichen Untersuchung 1958, die ebenfalls die ersten nach einer abnormalen Trockenperiode sind. Die wenigen Juliwerte liefern dagegen eher ein typisches Sommerbild, ebenso schließlich die Novemberproben einen durchschnittlichen Herbstaspekt. Zusammenfassend kann also hervorgehoben werden, daß die Untersuchungsperiode, was die Auswahl der Probenentnahmen anbelangt, sowohl extreme als auch durchschnittliche Momente in Herbst und Sommer liefert, während für Winter und Frühjahr nur durchschnittliche Situationen vorliegen. Es wird in den folgenden Abschnitten leicht gezeigt werden können, daß der jährliche Gang der Niederschlagskurve sich sehr deutlich in den jeweiligen chemischen Bedingungen der Gewässer widerspiegelt, wenn auch bisweilen indirekt über biogene Faktoren.

Verstärkt wird der Eindruck sommerlicher Trockenheit noch durch die hohen Werte für die monatliche Sonnenscheindauer, die in folgender Tabelle in Prozenten der effektiv möglichen Sonnenscheindauer (langjährige Mittel Andau) verzeichnet seien:

Tabelle 1.

J	F	M	A	M	J	J	A	S	O	N	D	Mittel
24	32	47	49	55	59	62	62	59	44	25	21	48

Da in dem ebenen Gelände des Seewinkels Wälder nur in einigen winzigen Beständen vorhanden sind, ist fast für alle Gewässer (Ausnahmen bilden hier wohl nur die durch kleine Waldbestände abgeschirmten Lacken 37 und 38) auch mit ebenso hohen Insolationszeiten zu rechnen. Trotzdem sind die relativen Lichtmengen, die den Grund vieler der seichten Gewässer erreichen, oft verschwindend gering, wie weiter unten an Hand der Sedimentationsmengen einzelner Lacken gezeigt werden kann. Ursache dafür ist neben der Bodenbeschaffenheit vor allem die bereits angeführte starke Durchlüftung des gesamten Raumes, die mancherorts bis zum völligen Verlust von Windstillen führt. Dies wird durch Tab. 2 veranschaulicht, die die durchschnittliche Zahl der Sturmtage $\geqq$ 6 Beaufort für die einzelnen Monate anführt (Andau, 1933—1950).

Tabelle 2.

J	F	M	A	M	J	J	A	S	O	N	D	Summe
4,5	5,1	4,9	4,3	2,9	2,5	2,1	1,7	1,9	2,7	3,5	2,8	38,4

So wie diese häufigen starken Winde für die starken Trübungen verantwortlich sind, kommt ihnen auch eine starke Bedeutung für die Verlagerung der Wassermassen zu. Wie unten gezeigt werden kann, sind, um katastrophale Überflutungen zu vermeiden, mehrere Lackengruppen durch Kanäle miteinander verbunden, die ihrerseits starke Verschiebungen der chemischen Bedingungen in den einzelnen Gewässern ermöglichen. Da aber ein Gefälle in nur wenigen Teilen des Seewinkels besteht, ist vor allem Windstärke, -dauer, und -richtung für den Transport dieser Wassermassen maßgebend. Die Hauptwindrichtung ist im gesamten Bereich deutlich NW mit 57% Häufigkeit (Jahresmittel), gefolgt von NO (12%), SO (10%), S (8%), übrige 13%.

Lage, Gestalt und Aussehen der untersuchten Gewässer.

Durch ihre Lage in waldlosem, deutlich kontinental geprägtem Gebiet, wo die Beregnung stark saisonalen Charakter hat, schließen die untersuchten Gewässer eng an jene der halbariden Landschaften an und bilden gewissermaßen das Bindeglied jener und der in ozeanisch betonten Räumen gelegenen Gewässer innerhalb der gemäßigten Breiten. So sind von vornherein zu erwarten:

1. Erhöhte Elektrolytgehalte, noch stärker betont durch die schlechten Irrigationsverhältnisse der flachen Landschaft.

2. Ein scharfer Wechsel der jahreszeitlichen Faunenaspekte in sämtlichen untersuchten Gewässern, in dem sich die Kontinentalität des Klimas hervorragend äußert.

In den folgenden Abschnitten werden beide Eigentümlichkeiten ausführlich zur Darstellung gelangen, wobei es dieser Studie zugute kommt, daß durch jüngst erschienene Arbeiten aus dem benachbarten, klimatisch ähnlichen Raum Ungarns ein größeres Vergleichsmaterial anfällt (Nogradi 1956, 1957, Megyeri 1958a, b, Kertesz 1956). Es wird auch mit Aufgabe dieser Arbeit sein, zu zeigen, daß sich in ihren jahreszeitlichen Aspekten die Flachgewässer ozeanischer Gebiete in den gemäßigten Breiten deutlich von den hier zu behandelnden unterscheiden und dieser Unterschied vor allem auch in der Entomostrakenfauna sinnfällig wird.

Da zur Entstehung der Kleingewässer im Seewinkel keine neuen Beiträge erschienen sind[1], verweise ich darüber auf die in der ersten Studie mitgeteilten Daten und darf nur noch kurz hervorheben, daß die Gestalt der einzelnen kleinen Becken durch ein gegebenes Mikrorelief wohl vorgezeichnet war, dem Wind aber, sobald die Gewässer austrocknen, eine bedeutende Erosionsleistung zuzuschreiben sein wird. Da die Gestalt der meisten Gewässer durch eine nicht immer sinnvolle Irrigation in ständiger Änderung begriffen ist, wird auf Abb. 4 der neueste Stand nach den Luftaufnahmen von 1957 geboten und die starke Wandlung der Seeformen an Hand einiger Luftbilder (Tafel 1 bis 4, Abb. 6—9) veranschaulicht. Zunächst sei nun aber in Tab. 3 Name und fortlaufende Nummer (wie in Löffler 1957) der untersuchten Gewässer angeführt:

Tabelle 3.

1 Gansllacke	8 Szerdahelyer Lacke	16 Südliche Krainerlacke
1a Zicksee, St. Andrä	9 nö. 10	
2 östlich 3	10 Schwarzer See	17 Weißer See, Nordteil
3 Huldenlacke	11 Götschlacke	(nur durch Kanal
4 Salziger See (Rest	12 Mosadolacke	verbunden)
des Westteiles)	13 Nördliche Krainerlacke	18 Weißer See, Südteil
5 Salziger See (Rest	14 Lange Lacke	(nur durch Kanal
des Ostteiles)	15 SW-Bucht der	verbunden)
6 Andauer Lacke	Langen Lacke	19 Mühlhoflacke
7 Lanlacke		20 Martenthallacke

[1] Zur Entstehung des salzführenden Horizontes im Gebiet wird eine in Vorbereitung befindliche Studie von Franz wichtige Beiträge liefern, deren Ergebnisse dahingehend sind, daß diese Sedimente während einer ariden Periode im Pleistozän (Zeitpunkt noch nicht geklärt) gebildet, später teilweise mit Schottern bedeckt oder aber auserodiert wurden. Mit der Lage der einzelnen Becken zu diesem Salzhorizont dürfte weitgehend der Salzgehalt der Gewässer in Zusammenhang stehen.

Zu: HEINZ LÖFFLER, Zur Limnologie, Entomostraken- und Rotatorienfauna des Seev

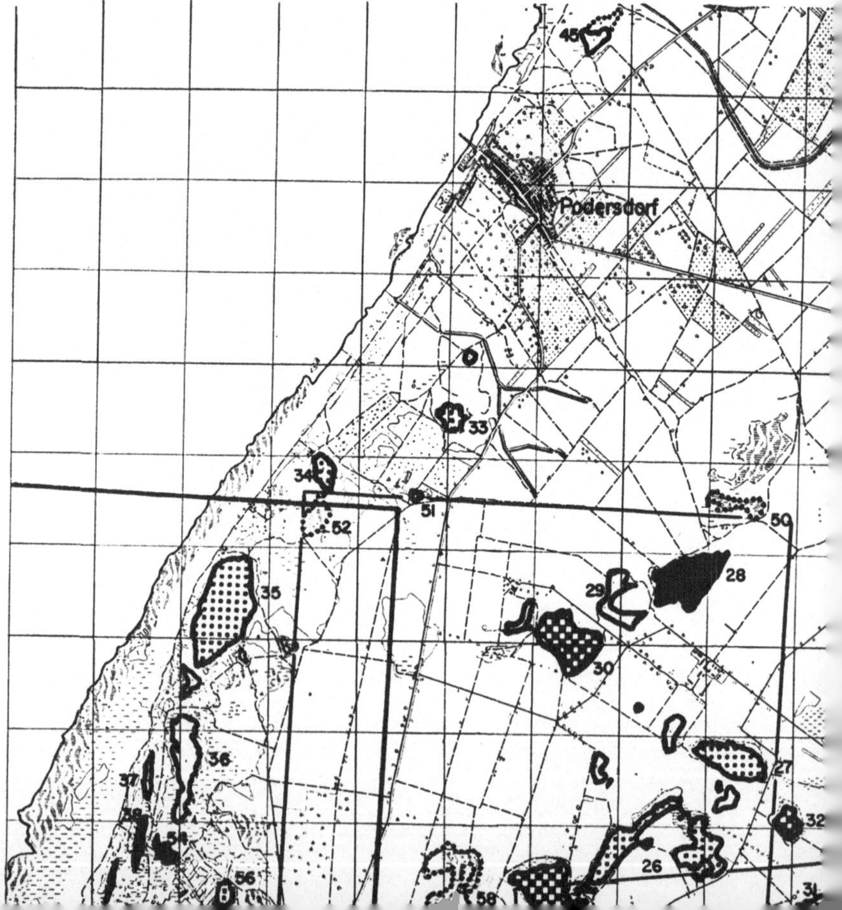

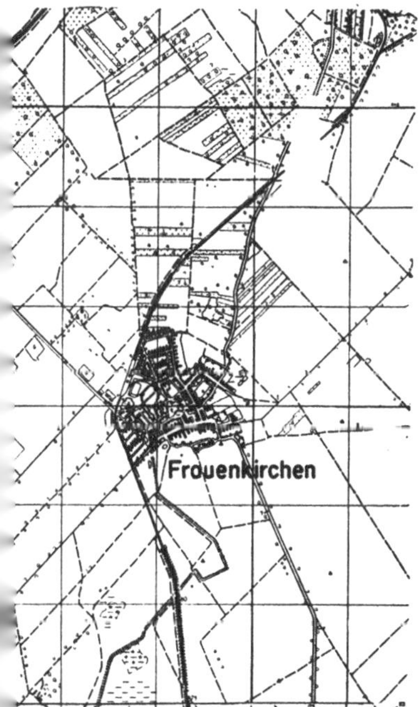

Abb. 4. Karte des Untersuchungsgebietes.

Die untersuchten Lacken sind durch die Nummern gekennzeichnet.

Die eingezeichneten Quadrate geben im Sinn des Uhrzeigers Lage und Umfang des Abb. 6—9 an (beginnend mit dem Planviereck der Lacken 52 bis 39).

Eingetragen wurden die SVB-Werte:

⬜	0—40
⠿	40—80
▨	80—120
⬛	120—160

3 km

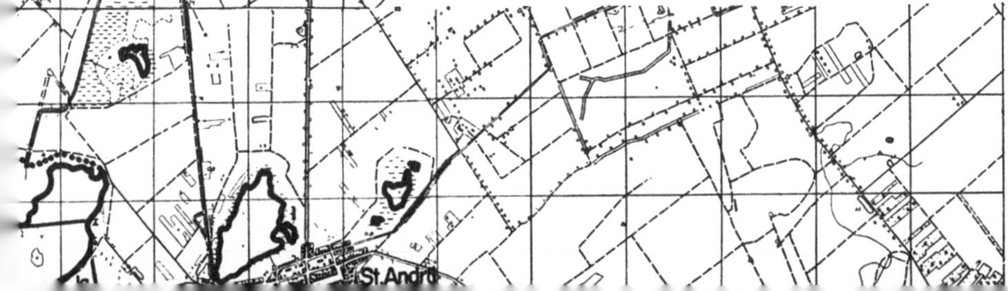

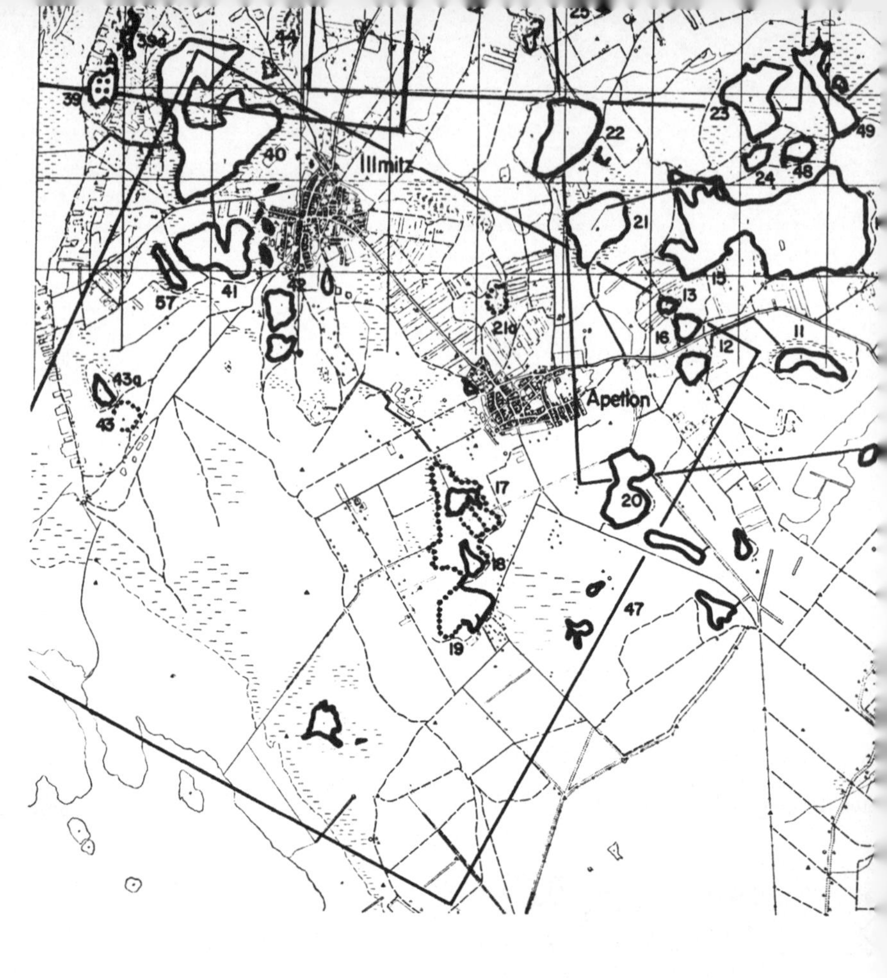

Illmitz
Apetlon
39
39a
40
44
57
41
42
43
43a
22
23
24
48
49
21
21a
15
13
16
12
11
17
18
19
20
47
25

3
2
5
4
6
7
Andau
Wallern
en
46

Abb. 6. Luftaufnahme vom Seewinkelgebiet, vervielfältigt mit Genehmigung des Bundes-
amtes für Eich- und Vermessungswesen (Landesaufnahme) in Wien, Zl. L 60 637/59.

Umfaßt Gewässer 35, 36, 37, 38, 39, 39a, 44, 52, 54, 56 und teilweise 40.
Flughöhe 3710 m, 13. 5. 1957.

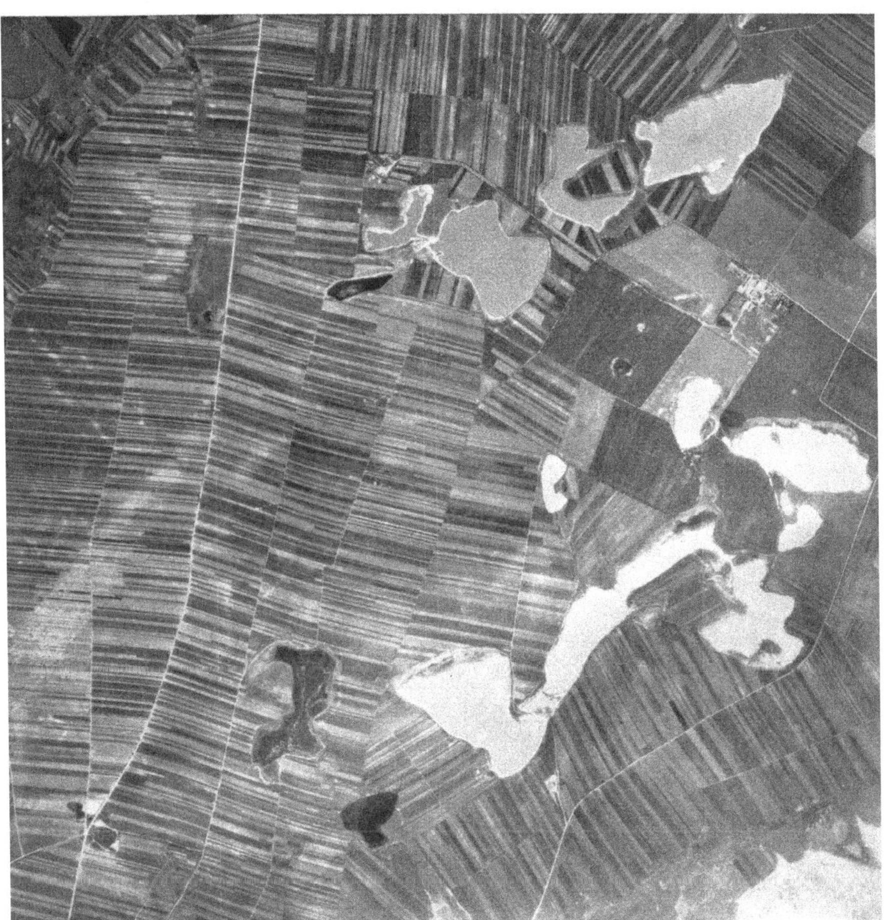

Abb. 7. Luftaufnahme vom Seewinkelgebiet, vervielfältigt mit Genehmigung des Bundes-
amtes für Eich- und Vermessungswesen (Landesaufnahme) in Wien, Zl. L 60 637/59.

Umfaßt Gewässer 23, 25, 26, 27, 28, 29, 30 und 49 (23 und 49 unvollständig). Man beachte
die für das Gebiet typische schmale Gliederung der Felder, die vor allem diese Lacken
umgeben.

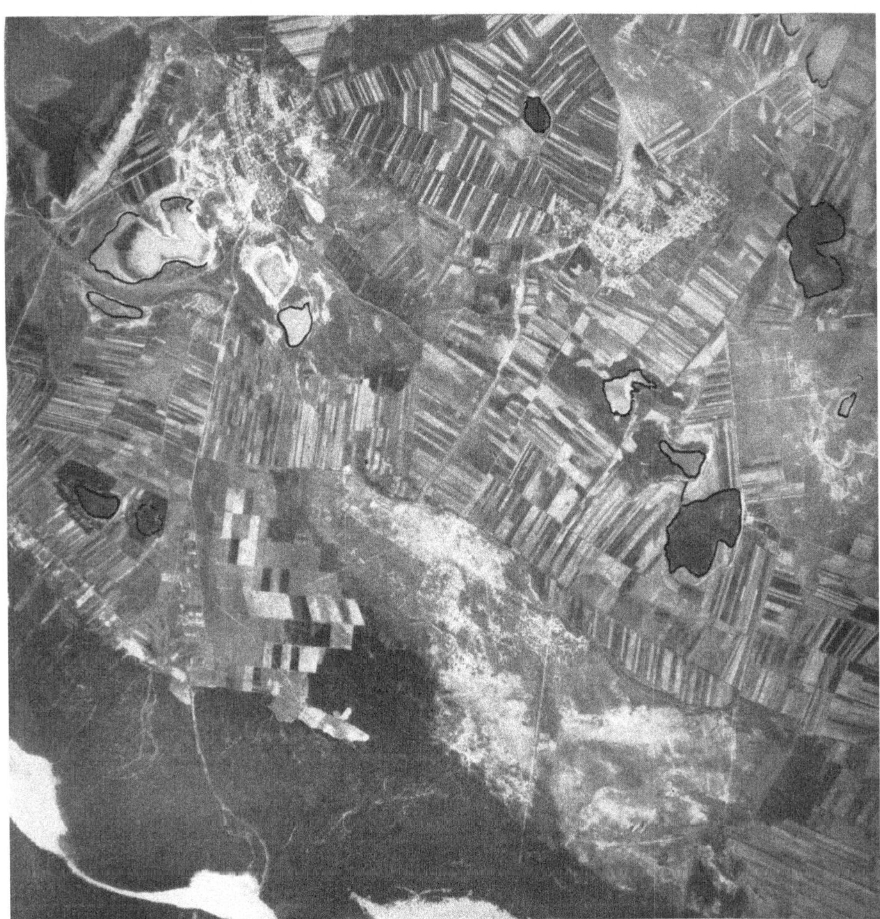

Abb. 9. Luftaufnahme vom Seewinkelgebiet, vervielfältigt mit Genehmigung des Bundes-
amtes für Eich- und Vermessungswesen (Landesaufnahme) in Wien, Zl. L 60 637/59.

Umfaßt Gewässer 12, 13, 16, 17, 18, 19, 20, 21a, 40, 41, 42, 43, 43o, 47 und 57 (12, 13, 16
und 40 unvollständig).

Tabelle 3 (Fortsetzung).

21 Xix-See	36 Unterer Stinker	49 Wörtenlacke, öst-
21a Hallabernlacke	37 Nördliche Silber-	licher See
22 Darscho	lacke	50 Grundlacke
23 Wörtenlacke, west-	38 Südliche Silberlacke	51 ö 34
licher See	39 Albersee	52 Untere Höll-Lacke
24 Hutweidenlacke	39a n Albersee	54 s 36
25 Obere Halbjochlacke	40 Zicksee, Illmitz	56 Runde Lacke
26 Fuchslochlacke	41 Kirchsee	57 Krautinglacke
27 Stundlacke	42 Oberer Schrändl	58 Heidlacke
28 Birnbaumlacke	43 Herrnsee	
29 sw Birnbaum-	43a Oberer (nördlicher)	A Aprilproben
lacke	Herrnsee	J Juniproben
30 Ochsenbrunnlacke	44 Einsetz-(Kröten-)	J 58 Juniproben 1958
31 Freiflecklacke	Lacke	Ju Juliproben 1958
32 Kühbrunnlacke	45 Golser See	O Oktoberproben
33 ssw Podersdorf	46 Dorfsee	N58 November-
34 Obere Höll-Lacke	47 s 20	proben 1958
35 Oberer Stinker	48 ö 24	

Von den hier angeführten Gewässern sind innerhalb der letzten
Jahrzehnte 4, 5, 21, 40 und 50? durch Irrigation flächenmäßig stark
reduziert worden, außerdem sind folgende Lacken durch Kanäle zu
Gruppen zusammengefaßt:
$$1\,a\text{–}49\text{–}14\,{}^{-23}_{-21-20-12-11}$$

40–41   17–18–19   2–3   31–26   35–36

Überdies aber unterliegen die Gewässer mit ihren geringen
Wassermassen starken Arealschwankungen, ja viele von ihnen
trocknen regelmäßig auch in den nicht überdurchschnittlich regen-
armen Sommerhalbjahren völlig aus, so während der Untersuchungsperiode folgende hier behandelte Lacken:

1, 2, 3, 4, 5, 6, 9, 10, 24, 47, 48, 50, 54?

Einem wieder kulturellen Eingriff ist es zuzuschreiben, wenn
derzeit durch Umstellung vieler Gebiete von Viehzucht („Hut-
weiden") auf Ackerbau in den Ufergebieten vieler Gewässer die
höhere Vegetation stärker aufkommt, wie dies noch viel mehr in
der Strandzone des Neusiedler Sees der Fall ist. Vor allem in den
künstlich verkleinerten Gewässern hat vielfach diese höhere Vegetation die restlichen Wasserflächen fast völlig verwachsen. Zu den
vegetationsreichsten Lacken können 4, 6, 8, 10, 12, 17, 18, 19, 20,
21, 21a, 33, 40, 43, 43a, 44, 46, 50, 51, 52, 58 gezählt werden
(*Phragmites, Typha, Bulboschoenus, Scirpus, Juncus* u. a.), die

Tabelle 4. Die untersuchten Seewinkel-Gewässer
nach steigender humöser Färbung geordnet.

(1 a A: 1–5 Ohle-Einheiten, 44 J: 85 Ohle-Einheiten.)

1aA	33 A	36 J	8 J	43oJ	2 O
49 O	21 J	10 A	11 A	18 A	20 O
14 J	31 J	26 O	8 A	56 A	29 J
49 A	57 O	16 J	39 J	21aN	29 O
23 J	57 N58	18 J	1 O	46 O	40 N
15 J	24 J	25 O	56 O	8 N58	20 J
14 A	36 O	16 O	34 A	39aJ .	51 J
22 O	36 A	25 A	32 A	21 O	19 O
1aO	17 J	5 A	33 J	43oN58	21aO
7 A	11 O	39 N58	30 O	20 A	36 N58
14 N58	35 O	17 A	40 J	39aO	50 A
23 A	13 A	45 O	30 A	38 N	26 A
14 O	37 J	3 A	12 A	52 A	58 N58
23 O	16 A	27 A	45 A	44 A	51 A
22 A	48 J	38 O	58 O	47 O	47 A
42 O	48 A	39 J58	56 J	32 O	21aA
22 N58	42 J	27 O	12 J	6 A	19 J
1 A	11 J	27 J	13 O	38 A	40 O
21 A	34 O	28 A	2 A	43 A	44 N
33 O	35 A	25 J	32 J	8 J58	43 O
41 O	35 J	37 A	10 J	30 A	51 O
49 J	39 O	13 J	54 O	56 N58	43 N58
42 A	31 A	8 O	28 O	46 A	21aJ
41 A	37 O	24 O	17 O	4 A	19 N58
22 J	52 O	26 J	43oO	12 O	19 A
7 O	48 O	9 A	38 J	56 Ju58	40 A
24 A	29 A	34 J	54 A	18 O	44 O
41 J	31 O	39 A	12 N58	43 J	44 J

zweifellos in dieser Vegetation einen effektiven Schutz gegen Wind
und vor allem auch Verdunstung besitzen, wie im Abschnitt über
die chemischen Eigenschaften zu erörtern sein wird. Teilweise in
Zusammenhang mit dieser Vegetation und deren künstlicher (Schilf-
schnitt) und natürlicher Verrottung steht das Ausmaß der humösen
Färbung, wie Tab. 4 erkennen läßt (Endpunkte mit Methylorange-
standard festgelegt), doch ist diese Beziehung keineswegs regelmäßig
gegeben. So haben die Lacken 26 und 56 mit mäßiger Vegetation
ziemlich starke, 1a dagegen mit breitem Vegetationsgürtel den
geringsten Färbungsgrad. Auffallend unregelmäßig ist nun auch
diese Färbungsintensität der einzelnen Lacken während der verschiedenen Jahreszeiten, wovon Tab. 5 eine Vorstellung gibt. Nur
in den seltensten Fällen verlaufen die Intensitätsveränderungen
parallel mit jenen der Elektrolytkonzentration, so daß hier zweifel-

Tabelle 5. Der jahreszeitliche Wechsel
der humösen Färbung, nach fallender Intensität angeordnet, die
Gewässer ebenfalls nach fallender Farbintensität gereiht.

44 J, 44 O, 44 N, 44 A	8 J58, 8 N, 8 A, 8 J, 8 O	24 O, 24 J, 24 A
40 A, 40 O, 40 N, 40 J	38 A, 38 N, 38 J, 38 O	13 J, 13 A, 13 O
19 A, 19 N, 19 J, 19 O	6 A	37 A, 37 O, 37 J
21aJ, 21aA, 21aO, 21aN	32 O, 32 J, 32 A	25 J, 25 A, 25 O
	52 A, 52 O,	27 J, 27 O, 27 A
43 N, 43 O, 43 J, 43 A	39aO, 39aJ	5 A
51 O, 51 A, 51 J	43oN, 43oJ, 43oO	16 O, 16 J, 16 A
47 A, 47 O	21 O, 21 J, 21 A	31 O, 31 A, 31 J
58 N, 58 O	54 A, 54 O, —	48 O, 48 A, 48 J
26 A, 26 J, 26 O	17 O, 17 A, 17 J	35 J, 35 A, 35 O
50 A	28 O, 28 A	42 J, 42 A, 42 O
36 N, 36 J, 36 A, 36 O	10 J, 10 A	57 N, 57 O
20 J, 20 O, 20 A	13 O, 13 J, 13 A	33 J, 33 A, 33 O
29 O, 29 J, 29 A	45 A, 45 O	41 J, 41 J, 41 O
2 O, 2 A	30 A, 30 O	7 O, 7 A
18 O, 18 A, 18 J	34 A, 34 J, 34 O	22 J, 22 A, 22 N, 22 O
56Ju, 56 N, 56 A, 56 J, 56 O	1 O, 1 A	49 J, 49 A, 49 O
12 O, 12 N, 12 J, 12 A	39 J, 39 A, 39 J58,	23 O, 23 A, 23 J
4 A	39 N, 39 O	14 A, 14 N, 14 O, 15 J,
46 A, 46 O	11 A, 11 J, 11 O	14 J
3 O, 3 A	9 A	1aO, 1aA

los nicht nur Verdunstung und Verdünnung der Gewässer ausschlaggebend sind. Beweidung der Gewässerumgebung, Besiedlung
der Lacken mit Vogelkolonien, pflanzenzersetzende Vorgänge verschiedener Ursache und Intensität mögen hier diesen unregelmäßigen
Wechsel veranlassen, dessen Studium freilich auch eine genauere
Kenntnis dieser organischen Farbstoffe in alkalischen Gewässern
voraussetzen würde (vgl. OHLE 1934, HUTCHINSON 1957). Auf eine
starke derartige Färbung bezieht sich jedenfalls im Untersuchungsgebiet auch die Bezeichnung „schwarze Seen" (auch im ganzen
ungarischen Raum: fekete-tavak).

Rein optisch hebt sich schon von dieser organisch gefärbten
Gruppe von Gewässern eine andere, im Gebiet viel umfangreichere
ab, wo die Färbung durch hauptsächlich anorganische Trübungen
überlagert ist oder aber derartige Trübungen allein vorherrschen,
die sogenannten „weißen" Seen. Tab. 6 bringt nun eine Zusammenstellung der Sedimentationsmengen in den einzelnen Lacken, die in
erster Linie mit den Windverhältnissen in Beziehung stehen, aber
auch von der Beschaffenheit dieser Trübungspartikel abhängen:
Werte bis zu 154 cm³ Sediment/Liter geben eine Vorstellung von den
minimalen Lichtmengen, die durch die obersten Zentimeter der

Tabelle 6. Sedimentationsmenge in den untersuchten Gewässern in cm³/Liter.

Unter 1: 1aA, 4 A, 5 A, 6 A, 8 A—N, 10 J, 14 J—N, 17 A—O, 18 A, 19 A, 20 A, O, 21 A—O, 21aA—N, 22 A, J, 37 A, 38 A, 40 A, 43 A—N, 43a J—N, 43 A—N, 43a J—N

1—2: 11 J, O, 49 A, O, 23 A, O, 33 O, 35 A, 36 A, 37 O, 39 A—N, 39aJ—O, 42 J, 45 A, 46 A, O, 50 A, 51 A, O, 52 A, 54 A, J, 58 O, N

2—3: 10 A, 12 J, 14 A, 18 O, 22 O, 24 A, 31 A, 32 O, 33 A, 34 A, 35 J, 36 J, O, 37 J, 38 J, 41 J, 45 O, 48 A—O, 47 A, 49 J, 51 J, 52 O, 54 O, 56 A, J, 57 O

3—6: 11 A, 12 O, 19 J, O, 20 J, 23 J, 24 J, O, 25 O, 26 A—O, 29 O, 31 O, 34 J, 38 O, 40 J, O, 41 O, 56 O

6—12: 1 A, 1aO, 3 A, 12 A, 34 O, 41 A, 42 A

12—18: 25 A, J, 27 A—O, 28 J, O, 32 A, J, 33 J, 47 O

18—24: 13 A, 18 J, 35 O

Sedimentationsmengen über 25 cm³/Liter in:

7 A : 27		3 O : 51	
29 J : 26,5		2 O : 53	
30 A : 26,5		1 O : 58	
13 J : 30		16 A : 74	
30 O : 30		29 A : 74	
13 O : 32		16 J : 85	
31 J : 32		16 O : 143	
42 O : 37		7 O : 154	
2 A : 39			

Wassermassen eindringen werden. Andererseits sind auch geringere Sedimentmengen für niedrige Transparenzwerte verantwortlich, wenn die Partikel nur genügend klein sind. Dann ist auch der Sedimentationsvorgang außerordentlich verzögert, wie gelegentlich längerer Eisbedeckung zu beobachten ist und wie auch aus einigen der Frühjahrsuntersuchungen hervorgeht: Nach einem Monat war nämlich von sämtlichen Frühjahrsproben in folgenden die Sedimentation nur wenig oder gar nicht fortgeschritten:

kaum fortgeschritten in: 13, 16, 29, 30,

deutlich fortgeschritten in: 26, 27, 28, 56,

noch nicht abgeschlossen, aber sehr weit fortgeschritten in: 11, 22, 25, 32, 33, 34, 35, 42, 47, 48,

in allen übrigen abgeschlossen.

So war also zwar der Sedimentationsvorgang in 7 A verhältnismäßig rasch abgeschlossen, obwohl dort die zu sedimentierende Menge deutlich größer war als in 13 A, wo die Sedimentation auch nach einem Monat noch kaum richtig eingesetzt hatte. Da es sich im allgemeinen um Tonpartikel, mit mehr oder weniger Sand feinster

Korngröße vermengt, bei diesen Suspensoiden handelt, erscheinen auch die meisten derartig getrübten Gewässer silbriggrau-braungrau („weiße" Seen). Erst wenn Sedimentationsmessungen in Hinblick auf Menge und Sedimentationszeit mit Transparenzmessungen gekoppelt würden, könnten die Daten über die einzelnen Trübungen entsprechend verfeinert werden, doch hoffe ich, mit den gegebenen Werten einen vorläufigen Überblick zu liefern.

Die chemischen Eigenschaften der Gewässer.

Die Daten über athalassohaline Binnengewässer sind in den letzten Jahrzehnten derart vervollständigt worden, daß heute wohl bereits von einer guten Übersicht gesprochen werden kann, wie sie jüngst auch von HUTCHINSON (1957) vorgenommen worden ist. Es gilt dies auch für Sodagewässer, wenngleich auch über deren Faunenaspekte noch relativ wenig bekannt ist: Hier hoffe ich, daß mit vorliegender Studie zum Aufbau dieser Kenntnis beigetragen werden kann. Alle bisherigen Studien aber bestätigten immer wieder eine alte Erfahrung limnologischer und physiologischer Forschung, daß athalassohaline Gewässer verschiedener Anionen- (und auch Kationen-) Zusammensetzung völlig verschiedene Toleranzgrenzen der sie bewohnenden Organismen erkennen lassen. Durch zahlreiche Experimente ist diese älteste Beobachtung längst zur Trivialität geworden. Deshalb erscheint es nicht sehr gelungen, wenn nun auch in der modernen Literatur (jüngst REMANE 1958) sämtliche Salzgewässer nach einem Schema gegliedert und „alle Gewässer mittleren Salzgehaltes als Brackwässer" bezeichnet werden. Eine derartige Gliederung kann nur dann sinnvoll sein, wenn sie sich ausschließlich auf thalassohaline Wassertypen beschränkt, wobei es noch immer fraglich bleibt, ob sie nicht überhaupt der Spurenelemente wegen vorläufig nur auf marine Derivate angewendet werden sollte. Ich glaube am Schluß meiner Ausführungen zeigen zu können, daß die Toleranzgrenzen der einzelnen Arten in Chlorid- und Karbonatgewässern außerordentlich voneinander abweichen, ja sich spezielle Leitformen zum Unterschied von übrigen athalassohalinen Gewässern für Natronseen definieren lassen.

Wie bereits früher (1957) hervorgehoben wurde, stellen die Seewinkelgewässer neben den ungarischen Sodaseen den wesentlichsten Bestand alkalischer Wassertypen Europas, und mit dem sommerlichen Wert von einem SBV von fast 143 in 28 dürften sie auch Rekordwerte für diesen Kontinent liefern (aus Ungarn[1] sind

[1] Die ungarischen Natrongewässer sind jodhältig (bis über 1 lmg), vielleicht auch jene des Seewinkels.

meines Wissens derartige Werte noch nicht gemeldet worden, MEGYERI [1958] gibt für Bugacer-Seen bei Kecskemet ein SBV bis zu 64 an). Sämtliche untersuchten Gewässer lassen die beschriebene geographische Gliederung (1957) auch in den übrigen Jahreszeiten deutlich erkennen (vgl. Abb. 5), d. h. um ein Zentrum stark alkalischer Lacken liegen randlich im Westen Chlorid-, im Südwesten (Magnesium-) Sulfat-, im Süden und Osten elektrolytärmere Gewässer. Dazu kommt nun noch im Südosten der Dorfsee als kalziumreichster See. In Tab. 8b sind sämtliche Frühjahrs-, Sommer- und Herbstwerte für Leitvermögen und 8 chemische Größen aller untersuchten Gewässer zusammengefaßt. Mit Hilfe dieser Daten seien zunächst die Schwankungen des Leitvermögens in den verschiedenen Gewässern, anschließend jene der nicht mit dem Leitvermögen parallel laufenden Ca^{++}-, Mg^{++}- und SO_4^{--}-Gehalte besprochen. Zunächst muß natürlich erwartet werden, daß die Konzentrationsveränderungen mit Niederschlagsmengen und Verdunstungsgröße in direktem Zusammenhang stehen. Ebenso ist es einleuchtend, daß bei einem Vergleich der Gewässer untereinander deren Volumen eine Rolle spielen muß, da sich z. B. nach einer langen Trockenperiode geringe Niederschlagsmengen vor der Probenentnahme wohl in den kleinsten Gewässern, nicht aber sonst widerspiegeln werden. Tab. 7 bringt zunächst die Konzentrationsveränderungen von Untersuchungstermin zu Untersuchungstermin:

Tabelle 7.

Konzentration nimmt von Dezember 1956 gegen April 1957 ab (Dezemberdaten aus LÖFFLER 1957) in: 2, 22, 25, 26, 27, 28, 29, 30, 32, 34, 35, 38, 43.

Konzentration nimmt von April gegen Juni 1957 ab in: 10, 19.

Konzentration nimmt von Juni gegen Oktober 1957 ab in 8, 20, 21a, 23, 29, 33, 36, 39, 41, 42, 43a, 44, 46, 47, 49, 54.

Im Fall 1 der winterlichen Abnahme läßt sich für 2 diese Konzentrationsverminderung durch Entwässerung von 3 nach 2, bei 35 und 38 durch Überflutung von 36, resp. 37 her (ähnlich bei 43 aus 43a) erklären. Übrig bleibt jedoch noch immer eine Gruppe dieser Minderheit, die aber nun bemerkenswerterweise auf engstem Raum beisammen liegt. Warum nun hier im Gegensatz zu allen anderen Gewässern eine Konzentrationsverminderung erfolgte, ist nicht ohne weiteres zu interpretieren: wahrscheinlich spielen die Grundwasserverhältnisse eine zusätzliche Rolle in diesem auch bodenmäßig abweichendem Gebiet (vgl. LÖFFLER 1957). (Bei 33 mögen geringe Größe und vorangegangene Regentage, vgl. Abb. 2, 3, ausschlaggebend sein, wie dies auch in Fall 2 für 10 zutrifft.) 19 wird von 18 her wieder stark verdünnt. Im Herbst 1957 waren nach der erwähnten Trockenperiode knapp vor dem Untersuchungstermin einige Niederschläge zu verzeichnen, die ihren Ausdruck in der Verdünnung vieler kleiner Gewässer finden, außerdem aber wurden durch Windwirkung viele der mit Kanälen miteinander verbundenen Lacken chemisch verändert (20?, 23, 36, 41 und 49). Parallel mit diesen Veränderungen des Leitvermögens laufen auch diejenigen von SBV, Na^+, K^+ und Cl^-. Abweichungen liegen hauptsächlich dort vor, wo sich durch Kanäle einzelne Gewässer gegenseitig beeinflussen können, wie in 17, 18 und 48 (Abnahme von Na^+ im Oktober), in 3 und 41 (Abnahme von K^+ im Oktober und Juni, Oktober), in 19 (Zunahme von K^+ im Juni), in 23 (Zunahme von K^+ im Oktober), in 20 (Abnahme des SBV im Juni), in 21 (Abnahme von Cl^- im Juni).

Sonst liegen solche Abweichungen vor allem in 47 vor, wo im Herbst gegenüber dem Leitvermögen das SBV zu-, Cl^- jedoch abnimmt. Eine Abnahme von Cl^- ist schließlich noch bei 48 (Oktober), eine des SBV bei 43 (Juni) zu verzeichnen. Na^+-Zunahmen waren weiters bei 29 und 44 (Oktober), eine solche von K^+ bei 21a (Oktober) festzustellen. Bei allen diesen Fällen mag zum Teil die Austrocknung (47, 48), zum Teil auch der Umstand eine Rolle spielen, daß in den stark verwachsenen Gewässern (43, 44, 21a) die Seeteile in ihrer Zusammensetzung etwas voneinander abweichen. Übrigens sind solche Unterschiede auch in offenen Gewässern mit starker Ufergliederung, wie im Fall 14.J–15.J, schwach angedeutet.

Im allgemeinen unterliegen aber, wie eingangs vermerkt, die Konzentrationsschwankungen in allen Gewässern einer starken Gleichsinnigkeit: Auf trockene Herbste folgen größere Niederschläge, die zunächst eine Verdünnungsperiode einleiten, die allmählich von einer winterlichen Auslaugungsperiode überlagert wird, wobei durch Ausfrieren ein weiterer Konzentrationsanstieg zustande kommt, und schließlich in eine sommerliche und herbstliche, durch Verdunstung bedingte Anreicherungsphase übergeht. Zusätzlich machen sich dann vor allem die kulturellen Eingriffe bemerkbar, die neben Kanalisation und ihren Auswirkungen übrigens auch für die hohen K^+-Werte von 41 in Ortsnähe (Illmitz) verantwortlich gemacht werden müssen.

Bei GERABECK (1952) finden sich für zahlreiche Gewässer des Seewinkels chemische Analysendaten aus dem Jahr 1942, die von einem Probenmaterial gewonnen wurden, das im Zeitraum vom 18. 5.—5. 6. eingesammelt worden war. Ein Einblick in die meteorologischen Daten jener Zeit läßt erkennen, daß damals überdurchschnittliche Regenfälle stattfanden, so daß diese chemischen Daten nicht nur den Zustand einer starken Aussüßung widerspiegeln, sondern auch keineswegs für einen Vergleich der Gewässer untereinander herangezogen werden können. In Tab. 8a seien deshalb nur die Trockenrückstände jener Analysen gegeben (in 1mg):

Tabelle 8a.

39a	Albersee	2302	32	Kühbrunnlacke	1714
6	Andauer Lacke	676	14	Lange Lacke	816
28	Birnbaumlacke	2034	7	Lanlacke	1192
22	Darscho	1148	20	Martenthallacke	835
31	Freiflecklacke	1398	12	Mosadolacke	1042
26	Fuchslochlacke	1730	30	Ochsenbrunnlacke	2042
27	Stundlacke	1672	4	Großer Salziger See	889
1	Gänselacke	1032	5	Kleiner Salziger See	659
11	Götschlacke	907	42	Oberer Schrändl	1167
58	Haidlacke	1286	10	Schwarzer See	618
25	Obere Halbjochlacke	1896	35	Oberer Stinker	1255
43	Herrnsee	2117	8	Szerdahelyerlacke	660
34?	Obere Höll-Lacke	916	17?	Weißer See	1036
52?	Untere Höll-Lacke	1095	23	Wörtenlacke	839
3	Huldenlacke	955	21	Xix-See	828
21a	Hallabernlacke	618	40	Zicksee, Illmitz	1113
41	Kirchsee	1266	1a	Zicksee, St. Andrä	921
13?	Krainerlacke	1178			

Außerdem wurden damals noch folgende Lacken untersucht (+ bedeutet, daß das betreffende Gewässer nurmehr in Resten oder gar nicht mehr existiert):

Auerlacke (nördl. 31)	1551	+	Pimezlacke (nö. 1a)	1030
Arbesthaulacke (sö. 20)	1515		Unterer Schrändl (s. 42)	1075
+ Feldlacke bei Illmitz	980	+	Söllnerlacke (n. 7)	476
Grenzlacke (sö. 58)	1226	+	Steinplatzlacke (ö. 20)	778
+ Mittlere Höll-Lacke	1022		Tegeluferlacke (sö. 20)	1171
+ Mittersee (sö. 20)	1090		Weißgrundlacke (n. 7)	476
Oldolacke (24?)	1228			

Während in den zitierten ungarischen Arbeiten fast ausschließlich reine Natrongewässer behandelt werden, kommt es im Gebiet zu der schon an anderer Stelle ausführlich behandelten regionalen Verschränkung athalassohaliner Gewässertypen, unter denen neben den Sulfatgewässern auch die Chloridlacken keine mit den Natronseen vergleichbaren Konzentrationen erreichen, aber immerhin, wie weiter unten gezeigt werden kann, bereits entsprechende Faunenelemente erkennen lassen. Für die (ebenfalls stark alkalischen) Chloridlacken am Westrand dürfte übrigens ein schwaches Nord-Süd-Gefälle des Geländes die deutlich steigende Konzentrationsreihung bedingen. Merkwürdig ist die Angabe LEGLERS (1941), wonach der Krautingsee (57) einen viel höheren sommerlichen Cl-Wert haben soll als die Silberlacke (beide 13. 7.), möglicherweise liegt hier doch eine Verwechslung mit 39, also dem Albersee, vor.

Konzentrationswechsel und einige parallel laufende chemische Daten lassen sich, wie gezeigt werden konnte, recht gut mit Hilfe der lokalen meteorologischen Verhältnisse deuten. Viel indirekter wird nun diese Wirkung bei Calcium oder gar Magnesium, wo zweifellos sogar biogene Faktoren hinzutreten dürften. Bei den Calciumwerten ist es zunächst verständlich, daß in allen jenen Lacken, wo im Verlauf des Sommerhalbjahres oder auch Herbstes starke Eindunstung stattfindet, diese Werte deutlich absinken werden, sobald eben Calciumkarbonat auszufallen beginnt. Dies trifft im Verlauf der Untersuchungsperiode für die meisten Gewässer (mit an sich niedrigen Ausgangswerten) zu. Nur bei 1 a, 8, 21, 46 und 49 laufen die Veränderungen mit den Konzentrationen einigermaßen parallel. Auch in der verhältnismäßig verdünnten Einsetzlacke (44) geht dieser Gehalt im Juni deutlich zurück, STUNDL (1938) will für dieses Gewässer ein Absinken des Ca-Wertes im Frühjahr mit biogener Entkalkung durch Chara erklären. Die hohen Bikarbonat- und Karbonatgehalte durften es kaum in einem Gewässer je zur Fällung von $CaSO_4 \cdot 2\,H_2O$ kommen lassen. Wohl aber wird bei einem p_H-Wert von 9, wie er in den meisten Gewässern erreicht und überschritten wird, ein Großteil des Ca ausgefällt. Die Versorgung der Gewässer mit Kalk aus der Umgebung dürfte jedoch gut sein, soweit aus einigen Bodenprofilen am Ufer von 8 und 40 zu ersehen war (in allen Fällen zeigte sich eine starke Abnahme des Kalkgehaltes vom Land gegen die Gewässer hin). Außerdem ist während der zahlreichen Sturmperioden mit guter Beschickung der Lacken mit allogenem Material zu rechnen. Dieser Faktor wird nochmals bei Besprechung der Sulfatgehalte zu diskutieren sein.

Für Magnesium, das im allgemeinen stärkste Konzentrationen bei Eindunstung erreicht (jüngst aus Iran Gavkhaneh mit über 12 g/l; LÖFFLER, in Vorber., in USA [Washington] ein See mit Werten bis 100 g/l!) und dessen Salze außerordentlich hohe Löslichkeit haben, war naturgemäß mit einem Anstieg der Konzentration im Verlauf der Trockenperioden zu rechnen. Um so überraschender

Tabelle 8b. Die chemischen Daten der untersuchten Seewinkelgewässer.

(Anionen und Kationen in lmg.)

		$\varkappa_{18} \cdot 10^{-6}$	SBV	DH⁰	Ca^{++}	Mg^{++}	Na^+	K^+	Cl^-	SO_4^{--}
1	1 A	1936	12,7	4,76	16	11	428	12	63	310
2	1 O	5650	36,3	2,8	16,5	16,5	1388	22	205	530
3	1aA	1123	8,7	25,0	38	85	129	12,5	43	235
4	1aO	1270	10,35	28,8	33	105	133	12,5	45	231
5	2 A	2900	17,6	2,38	15	1,4	732	23	161	535
6	2 O	5880	32,85	2,24	14	1	1408	35	356	995
7	3 A	1710	13,2	6,08	21	9	378	14,5	45	186
8	3 O	3840	28,2	1,56	5	3	1104	9	134	805
9	4 A	1800	15,3	24,5	25,5	91	281	12	50	220
10	5 A	3930	25,8	69,6	14	294	301	14,5	96	1150
11	6 A	1360	12,7	33,5	69	104	108	12,5	12	191
12	7 A	940	9,4	5,4	21	12	212	7	9	84
13	7 O	1445	14,8	4,9	13	13,5	357	9	20	103
14	8 A	940	9,7	17,7	36	55	117	7	21	62
15	8 J	1050	11,05	20,84	32	71	129	7	21	76
16	8 J58	1170	12,4	29,15	33,5	81	145	7	24	96
17	8 O	1020	11,0	20,68	30,5	71	124	5	22	61
18	8 N58	985	8,6	18,80	31	63	97	9	32	80
19	9 A	945	8,4	14,60	28	47	138	8	18	123
20	10 A	1350	15,15	17,54	23	62	239	7	17	57
21	10 J	945	8,3	16,12	25	55	141	8	17	160
22	11 A	1490	15,9	12,0	21	39	302	8	25	46
23	11 J	1850	18,4	3,72	10	10	446	9	32	89
24	11 O	2025	21,0	4,28	9	13	525	12	37	172
25	12 A	2100	19,2	3,72	13	8	564	19	52,5	270
26	12 J	3580	33,4	0,80	4	1,2	990	25	83	435
27	12 O	3870	36,25	0,56	3	0,7	1050	25	106	346
28	12 N58	2240	18,8	1,12	5	2	570	20	68	240
29	13 A	1085	9,85	4,2	18	7,5	246	7	29	83
30	13 J	2020	18,1	1,3	7	1,5	525	8	49	192
31	13 O	2460	21,50	0,7	4,5	0,4	590	8	68	145
32	14 A	1290	10,55	15,04	19	108	214	13	52,5	358
33	14 J	1590	12,52	14,64	10	58	274	13	67	151
34	15 J	1580	12,0	10,20	18	33	302	14,5	66	154
35	14 O	1610	12,68	22,8	16,5	87	226	14,5	69	168
36	14 N58	1760	12,8	20,24	9	83	274	16	74,5	224
37	16 A	1795	13,72	1,36	7	1,6	446	6	57	226
38	16 J	3160	24,4	0,52	2	0,8	796	8	103	463
39	16 O	4330	31,6	0,88	4	1,2	1448	10	161	479

Fortsetzung.

		$\varkappa_{18} \cdot 10^{-6}$	SBV	DH⁰	Ca⁺⁺	Mg⁺⁺	Na⁺	K⁺	Cl⁻	SO₄⁻⁻
40	17 A	1740	14,0	18,16	15	70	304	14,5	81	183
41	17 J	2210	15,0	1,04	4	1,9	525	19,5	110	276
42	17 O	2560	18,0	22,28	25	81	502	35	150	404
43	18 A	2350	15,6	22,68	22	85	440	25	138	400
44	18 J	2480	15,0	9,52	20	29	510	29	142	352
45	18 O	2660	17,0	20,80	19	79	484	36	162	375
46	19 A	5160	26,8	36,00	31	138	1020	57	431	950
47	19 J	4370	17,6	16,28	19	61	920	70	361	960
48	19 O	5650	28,2	15,40	12	58	1356	96	536	1130
49	19 N58	3350	12,8	13,60	25	44	672	100	299	738
50	20 A	1770	14,08	17,12	18,5	63	322	15	74,5	213
51	20 J	1785	12,8	6,20	16	17,5	389	16	78	266
52	20 O	1435	13,32	15,04	22	52	250	12,5	49	92
53	21 A	1490	13,2	19,08	20	70,5	246	13	57	146
54	21 J	1675	14,9	21,0	24	76,5	269	13	55	148
55	21 O	1975	16,2	26,76	27	100	297	19.5	73	225
56	21aA	1435	15,0	14,52	23,5	49	281	9	21	96
57	21aJ	1755	19,0	14,88	18	53,5	370	10	23	96
58	21aO	1385	15,4	16,0	24	54,5	251	14	22	45
59	21aN58	870	7,9	17,84	45	50	103	8	35,5	109
60	22 A	1865	16,2	9,08	10	33	414	10	70	157
61	22 J	2130	18,2	9,68	10	36	465	14	81	169
62	22 O	2410	20,6	10,60	6	42,5	502	14,5	94	130
63	22 N58	2300	19,85	10,76	6	43	540	14,5	98	244
64	23 A	1540	13,28	19,08	5	80	253	13	62	151
65	23 J	1870	14,1	8,60	22,5	24,5	400	14	72	228
66	23 O	1535	11,8	28,24	22,5	110	184	16	61	242
67	24 A	1720	14,8	5,60	17	11	400	9	52,5	149
68	24 J	2740	23,5	1,12	3	3	652	13	83	157
69	24 O	3740	34,0	1,04	4	2	906	14	126	122
70	25 A	6090	56,2	0,72	Sp	3	1725	10	276	740
71	25 J	7400	67,8	0,52	Sp	2	2040	13	318	828
72	25 O	9380	87,0	1,28	Sp	6	2510	13	418	811
73	26 A	3680	32,0	1,28	5	2,5	1050	8	165	529
74	26 J	4810	41,6	0,80	Sp	3,5	1240	10,5	212	623
75	26 O	6200	54,8	0,56	1	1,5	1680	12,5	269	528
76	27 A	4520	36,8	1,36	4,5	3,1	1195	16	184	523
77	27 J	5640	47,6	0,68	3	1	1410	22	234	393
78	27 O	7250	62,8	0,76	0,8	2,8	1840	23	302	458
79	28 A	6420	51,0	0,64	Sp	2,8	1655	9	350	556
80	28 O	14930	142,8	(0,10)	Sp	Sp	4500	20	865	1410
81	29 A	1930	14,8	1,58	9	1	510	3,5	95	285
82	29 J	4830	38,7	0,80	4	1	1176	7	260	752
83	29 O	4800	36,7	1,08	6	1	1240	7	267	980

Fortsetzung.

		$\varkappa_{18} \cdot 10^{-6}$	SBV	DH°	Ca^{++}	Mg^{++}	Na$^+$	K$^+$	Cl$^-$	SO$_4^{--}$
84	30 A	5310	49,8	0,56	1,5	1,5	1380	18	299	134
85	30 O	8660	82,8	0,40	Sp	1	2310	27	486	252
86	31 A	3860	22,4	1,88	6	4	1004	3,5	200	808
87	31 J	6590	39,4	(0,10)	Sp	Sp	1750	5	334	1310
88	31 O	10720	71,6	0,44	Sp	2	3220	9	634	2440
89	32 A	4270	28,1	0,64	4	0,5?	1240	8	163	900
90	32 J	6990	46,2	0,20	1	Sp	1910	10	276	1410
91	32 O	11090	81,0	0,48	3	0,5?	3240	14	478	2260
92	33 A	1795	17,6	9,84	8	38	414	9	40	128
93	33 J	7130	68,0	—	Sp	Sp	2000	23	393	410
94	33 O	3060	28,4	5,12	4	20	808	16	70	332
95	34 A	3520	28,6	6,72	8	25	912	18	161	450
96	34 J	6150	51,0	0,24?	1	0,5	1750	27	291	844
97	34 O	7110	58,4	0,64	3	1	1790	34	351	519
98	35 A	3045	25,2	1,56	4	4	820	23	181	304
99	35 J	4220	35,4	0,32	1,5	0,5?	1170	25	241	458
100	35 O	6540	58,4	—	Sp	Sp	1840	51	376	590
101	36 A	2510	23,3	12,32	7	49	584	16	132,5	152
102	36 J	4360	39,4	1,68	5	4	1220	30,5	260	402
103	36 O	3890	33,8	1,24	5	3	984	29	238	170
104	36 N58	2780	24,4	11,00	13,5	40	600	20	166	259
105	37 A	2840	17,25	18,96	21	70	551	34	316	266
106	37 J	3600	19,6	4,00	8	12,5	872	41	444	403
107	37 O	5570	34,5	23,20	8	96	1265	68	734	382
108	38 A	4650	28,8	17,36	15	74	1060	46	584	419
109	38 J	7460	41,1	1,00	4,5	1,5	1630	69	1008	171
110	38 O	11500	65,2	3,76	10	10	3400	102	1580	1340
111	38 N58	8540	43,8	6,88	7	26	2210	68	1168	1130
112	39 A	7380	30,2	8,00	13,5	61	1610	83	1046	870
113	39 J	14610	57,0	1,88	8	3	3960	148	2160	2810
114	39 J58	9100	35,4	9,48	13	33	2250	91	1240	1600
115	39aJ	6020	35,0	30,72	16,5	123	1425	70	748	895
116	39 O	13170	52,0	6,52	14	19,5	3540	129	1978	2480
117	39aO	7550	44,4	38,20	15,5	156	1890	83	1028	1300
118	39 N58	9500	33,5	7,12	6	27	2345	109	1496	1520
119	40 A	3210	20,4	15,68	22	55	856	19,5	302	690
120	40 J	4640	23,8	1,28	7	1	1120	52	482	630
121	40 O	5780	35,6	10,08	10,5	37	1520	64	646	1300
122	40 N58	5660	31,4	11,52	11	43	1460	77	634	950
123	41 A	3750	15,6	5,84	16	15,5	920	130	444	830
124	41 J	6830	26,6	1,56	7	2,5	1655	94	836	1200
125	41 O	4920	20,8	5,08	16	12	1240	38	592	925
126	42 A	2410	12,85	2,60	13,5	3	553	64	211	372
127	42 J	4460	23,1	0,96	6	1	1050	66	408	626
128	42 O	3870	19,2	1,80	9	2	903	55	362	573

Fortsetzung.

		$\varkappa_{18} \cdot 10^{-6}$	SBV	DH°	Ca^{++}	Mg^{++}	Na^+	K^+	Cl^-	SO_4^{--}
129	43 A	6200	24,4	73,52	57	285	1380	42	418	2470
130	43 J	6860	23,8	71,68	31	293	1450	48	460	2550
131	43oJ	7560	31,6	77,2	17	325	1530	52	536	2340
132	43 O	7350	26,1	78,0	49	310	1565	54,5	504	2740
133	43oO	7510	28,0	75,2	27	310	1630	52,5	522	2710
134	43 N58	6770	26,0	69,28	28	276	1430	39	474	2290
135	43oN58	7500	29,5	71,8	27	296	1610	47	536	2510
136	44 A	1204	11,2	24,4	59	70	150	5	42,5	141
137	44 J	1348	13,0	22,4	46	70	168	11	57	50
138	44 O	1315	12,8	23,04	62	63	230	7	54	198
139	44 N58	974	9,5	23,6	55	69	92	7	37	102
140	45 A	5400	13,2	28,0	25	106	1220	21	732	1480
141	45 O	11610	29,2	46,2	8	196	2760	36	1680	2930
142	46 A	1510	7,85	34,68	131	71	145	12,5	25	502
143	46 O	1145	6,0	29,8	111	62	95	13	24	406
144	47 A	2670	14,8	11,08	30,5	29,5	566	21	177	515
145	47 O	2270	18,9	13,48	26	42,5	465	42	123	178
146	48 A	1910	15,8	6,88	14	21	143	10,5	88	106
147	48 J	2670	21,25	1,68	4,5	4,5	635	16	124	185
148	48 O	2710	22,6	5,0	8	17	630	16	121	173
149	49 A	1710	14,0	13,68	7,5	55	346	12	79	191
150	49 J	2170	15,9	5,32	10	17	564	18	108	355
151	49 O	1390	10,65	27,88	14,5	112	156	10	53	232
152	50 A	898	9,7	18,56	17	70	124	9	26	874
153	51 A	2865	23,5	10,96	15,5	38	718	5,5	80,5	454
154	51 J	4390	34,0	1,28	8	1	1104	6	118	580
155	51 O	4720	39,4	3,68	12	9	1150	12	137	406
156	52 A	2760	22,5	11,82	11,5	45	604	11	135	214
157	52 O	4590	38,8	3,88	5	13,5	1104	20	238	248
158	54 A	3640	32,4	8,80	8,5	33	920	28	215	546
159	54 J	10390	60,5	—	Sp	Sp	3420	89	684	2710
160	54 O	5130	43,8	1,28	5,5	2	1356	39	376	289
161	56 A	3450	26,4	3,92	10	11	872	27	203	372
162	56 J	5470	41,8	0,64	4	Sp	1564	39	326	778
163	56 Ju58	5770	42,2	3,40	4	10,5	1588	46	359	1290
164	56 O	6680	50,4	0,28	2	Sp	1794	49	412	832
165	56 N58	4840	35,2	4,12	8	13	1334	35	304	796
166	57 O	3940	24,0	3,4	12	7,5	950	39	350	457
167	57 N58	5060	28,6	13,52	10	52,5	1104	44	468	621
168	58 O	3370	31,7	13,28	15	49	815	8	108	318
169	58 N58	2945	26,2	10,4	13,5	37	693	7	102	235
170	F	820	7,9	6,1	21	27	189	16	23	160

war deshalb das Gegenteil, eine deutliche, bis 100%, Abnahme in weitaus den meisten Gewässern, nämlich:

2, 3, *11*, *12*, *13*, *14*, *16*, *17*, 18, 19, 20, 23, 24, 26, 27, 28, 30, 31, *33*, *34*, 35, 36, 37, *38*, 39, *40*, 41, 42, 48, 49, 51, 52, 54, 56 (in den *kursiven* besonders staɪk).

Dagegen ließ sich eine Zunahme nur in den Lacken 21, 21a, 22, 39a, 43 und 45 verfolgen. Auch wenn man die durch Kanäle verbundenen Gewässer, wo durch Austausch von Wassermassen ständige Veränderungen möglich sind, für diese Beurteilung ausnimmt, bleibt noch immer eine beträchtliche Zahl sommerlich und herbstlich an Mg verarmender Lacken. Die Erklärung für diesen Vorgang liegt nun einzig und allein in den stark ansteigenden p_H-Werten, die, wie allerdings nachträgliche p_H-Messungen ergaben, 10 weit überschreiten (Messungen schienen wegen Transportdauer der Proben, aber auch wegen starker assimilationsbedingter Schwankungen bei der geringen Untersuchungsfrequenz nicht sinnvoll) und somit auch zur Ausfällung von Magensiumkarbonat führen (vgl. Hutchinson 1957), die, wie experimentell festgestellt wurde, bei etwa p_H 10,5 beginnt. Beadle (1932) gibt für einige der stark alkalischen Seen Ostafrikas an, daß dort ebenfalls Magnesium ausfällt, da der p_H-Wert von 10,5 vielfach überschritten wird. Beadle hebt jedoch gleichzeitig hervor, daß die Verarmung solcher stark alkalischer Seen an Erdalkalien kaum so weit gehen dürfte, um biologisch als Grenzfaktor wirksam zu werden. Zwei der Wasserproben, nämlich 28 und 33 wurden nun probeweise mehrere Wochen hindurch belichtet und ließen mit zunehmender Entwicklung von Blaualgen bald einen starken Anstieg des p_H-Wertes auf 12 und 11,5 erkennen (Ausgangswerte 10,5 und 9,6). Es ist anzunehmen, daß das vielfach starke Wachstum von *Cladophora* in zahlreichen Lacken noch günstigere Voraussetzungen für den Anstieg der p_H-Werte schafft. Wahrscheinlich spielen meteorologische Faktoren, wie u. a. Windstille, dabei eine bedeutende Rolle. Vielfach ist im Herbst bereits wieder ein Anstieg der Magnesiumgehalte in einzelnen Gewässern zu verzeichnen und es erhebt sich nun die Frage, wieweit die Magnesiumwerte eventuell kurzfristigen Schwankungen unterworfen sind, die hier natürlich nicht zum Ausdruck kommen. Einer intensiven Untersuchung einzelner fraglicher Gewässer muß ihre Lösung vorbehalten bleiben.

Der reichliche Gehalt der Gewässer an Sulfaten gibt Anlaß, auch hier den jahreszeitlichen Gang der Konzentrationen zu untersuchen. Tab. 9 gibt Aufschluß über Zu- oder Abnahme in den einzelnen Jahreszeiten (immer entgegen dem Leitvermögen):

Tabelle 9.

Zunahme: 10 (A–O), 23 (J–O), 19 (A–J), 43 (J–O), 46 (A–O).

Abnahme, Winter–Frühjahr: *1*, *3*, *7*, 11, 12, *13*, *19*, *20*, 22, 25, 27, 28, 29, 30, 32, *33*, 35, *36*, *37*, 38, *41*, *42*, 43 (in den *kursiven* besonders deutlich).

Abnahme, April–Juni: 14, 27, 38, 40, 44.

Abnahme, Juni–Oktober: 8, 12, 13, 20, 22, 24, 25, 26, 34, 37, 39, 48, 51, 54.

Am häufigsten sind also Sulfatabnahmen zwischen Winter- und Frühjahrstermin zu beobachten, gefolgt von einer weiteren Gruppe hochsommerlicher Abnahmen. Auch hier kann, falls nicht wieder durch Kanäle oder vollständige Austrocknung veränderliche Momente gegeben sind, nur mit Hilfe biogener Prozesse, in diesem Fall bakterieller Reduktion, diese häufige Abnahme vorläufig erklärt werden. STUNDL (op. cit.) hat für die Silberlacke allerdings gelegentlich seiner Untersuchungen sulfatbildende Bakterien zahlenmäßig vorherrschend gefunden, doch stellte er einen Rückgang im Frühherbst fest. (Aus dem Winter sind keine Daten bekannt.) HUTCHINSON (1957) berichtet vom Sulfatabbau in australischen Salzseen. Auch andere Beispiele sind dafür bekannt. Zweifellos sind durch längere Eisbedeckung und rasch einsetzenden Sauerstoffschwund die vorzüglichsten Bedingungen dafür gegeben, wie denn auch VARGAS Bericht (1932) über die Vorgänge im Neusiedler See im Winter 1928/29 Aufschluß darüber gibt. Damals sank der sonst stark alkalische p_H-Wert dieses Sees unter der langen Eisbedeckung auf fast 6 ab, bewirkt durch starke Zersetzungsvorgänge und H_2S-Produktion. Schlammgrund und Eisbedeckung der von Sulfatabnahme betroffenen Gewässer dürften also am stärksten wirksam sein, doch scheinen sich solche Reduktionsprozesse im sommerlichen Austrocknungszustand zu wiederholen. Die frühsommerlichen Verhältnisse dürften dagegen nur selten (2 der genannten Gewässer haben Kanalverbindungen zu anderen Lacken) zu Sulfatschwund überleiten. Nicht ausgeschlossen ist es allerdings, daß auch andere, mit der Wirksamkeit der Auslaugung in Zusammenhang stehende Prozesse hier eine zusätzliche Rolle spielen. Beide, sowohl Magnesium- wie auch Sulfathaushalt werden in den fraglichen Gewässern noch eines sorgsamen Studiums bedürfen, ehe deren außerordentliches Geschehen im Detail verfolgt werden kann.

STUNDL (op. cit.) hat übrigens in den drei von ihm untersuchten Lacken (38, 44 und 56) ebenfalls Sulfatanalysen durchgeführt, die in einem Fall (44) eine deutliche winterliche Abnahme

23*

erkennen lassen, hinsichtlich des Magnesiums finden sich jedoch keine Hinweise für einen Rückgang des Gehaltes, wenn man von einem schwachen Absinken im Sommer 1937 bei 56 (auch maximales SBV) absieht.

Abschließend seien in Tab. 10 noch die Maximalwerte der einzelnen Analysengrößen gegeben:

Tabelle 10.

Leitvermögen...	14930	(28 O)
SBV............	143	(28 O)
TH in °DH	78	(43 O)
Ca^{++}..........	131	(46 A)
Mg^{++}	325	(43oJ)
Na^+...........	4500	(28 O)
K^+............	148	(39 J)
Cl^-	3160	(39 J)
$SO_4{}^{--}$	2930	(45 O)

Mit Ausnahme des hohen Calcium-Wertes werden die übrigen Maxima im Sommer und Herbst erreicht, zu welcher Zeit sich auch durch verschieden starke Verdunstungsvorgänge und vor allem durch die besprochenen Sulfatreduktionen für Sulfate etwas der Eindruck der hervorgehobenen geographischen Ordnung aller Gewässer verwischt. Genaue Bodenkartierungen werden nun die wichtigste Arbeit sein, wenn zu dieser Gliederung der Seewinkel-Lacken ein entscheidender Beitrag geliefert werden soll.

Entomostraken- und Rotatorienfauna des Seewinkels.

Abb. 5 gibt die Verteilung der gefundenen Entomostraken in den untersuchten Gewässern wieder. Mit der Gesamtzahl von 75 Arten stellen sie einen beachtlichen Prozentsatz der mitteleuropäischen Süßwasser-Entomostrakenfauna überhaupt dar. Aus dem Gebiet (Neusiedler See) wurden nur noch 6 hier nicht angeführte Entomostraken, nämlich:

Ceriodaphnia laticaudata	*Microcyclops varicans*
Alonopsis ambigua	*Mesocyclops hyalinus*
Macrocyclops fuscus	*Brehmiella trispinosa*

beschrieben (Pesta 1952). Vom benachbarten ungarischen Raum allerdings sind noch weitere, hier nicht gefundene Arten in verschiedenen Studien aus Natrongewässern gemeldet worden (u. a. *Allovenula allaudi, Diaptomus amblyodon*), von denen hier nur besonders auf *Moina brachiata* hingewiesen sei: Diese Art wurde nämlich von Machura (1935) aus dem Seewinkelgebiet angeführt,

Zu: Heinz Löffler, Zur Limnologie, Entomostraken- und Rotatorienfauna

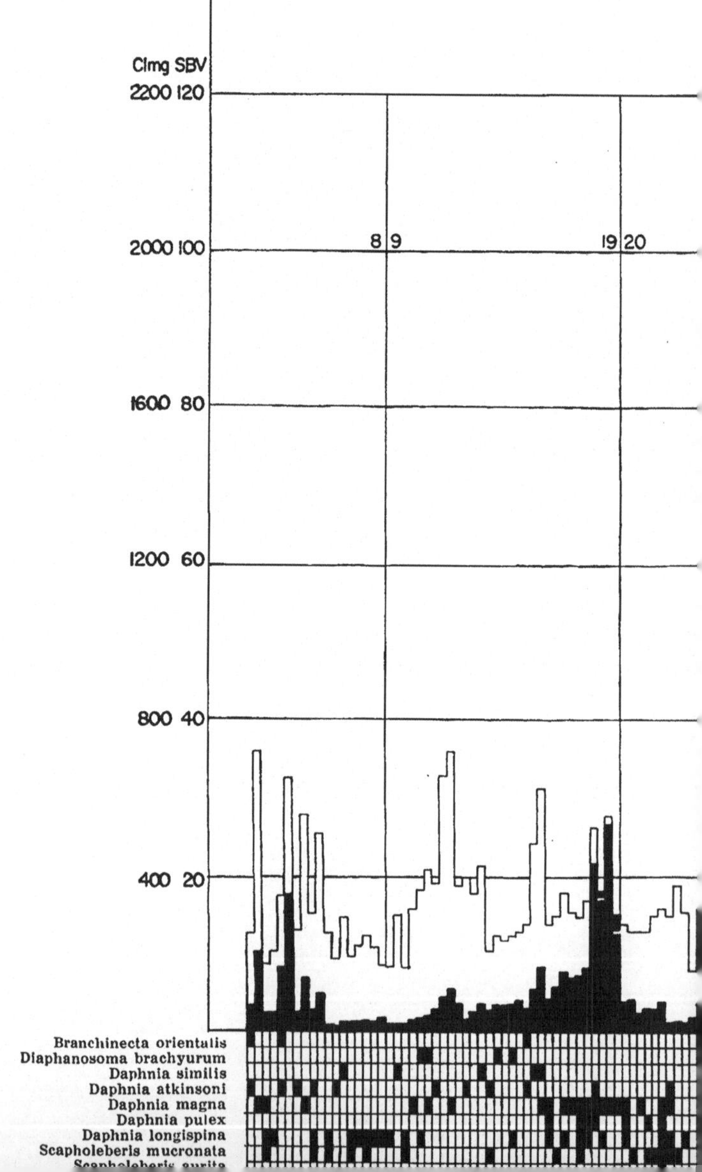

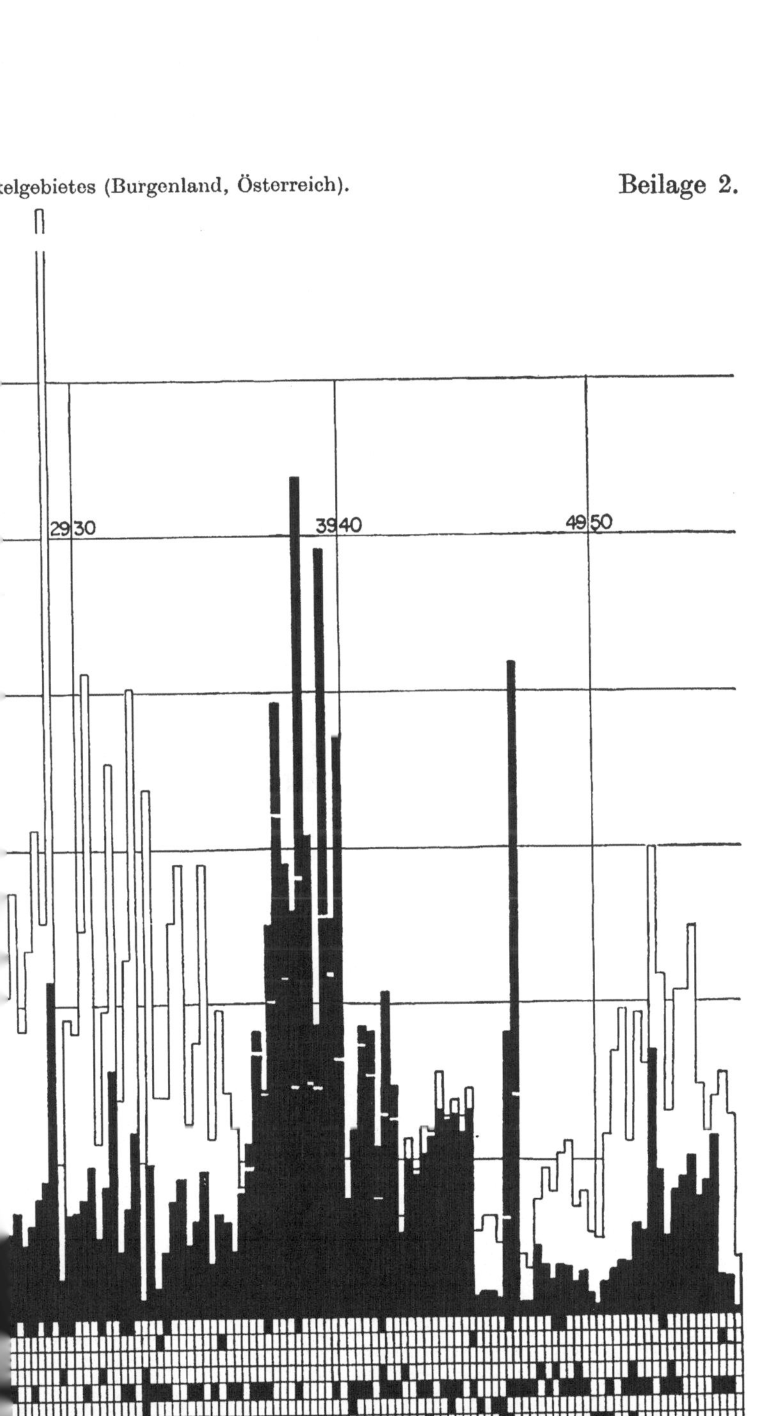
29 30
39 40
49 50

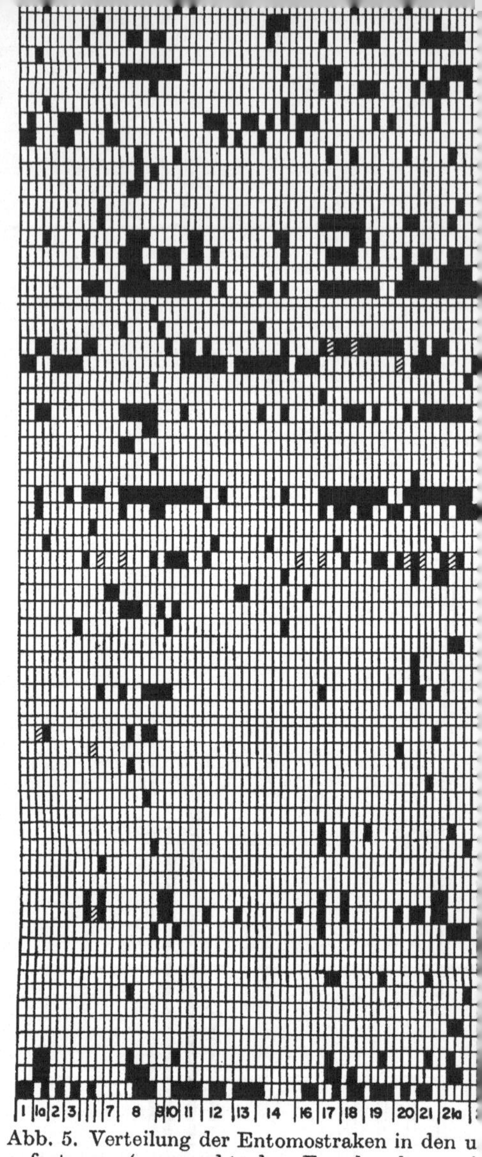

Abb. 5. Verteilung der Entomostraken in den u
aufgetragen (ganz rechts der „Froschgraben", ei

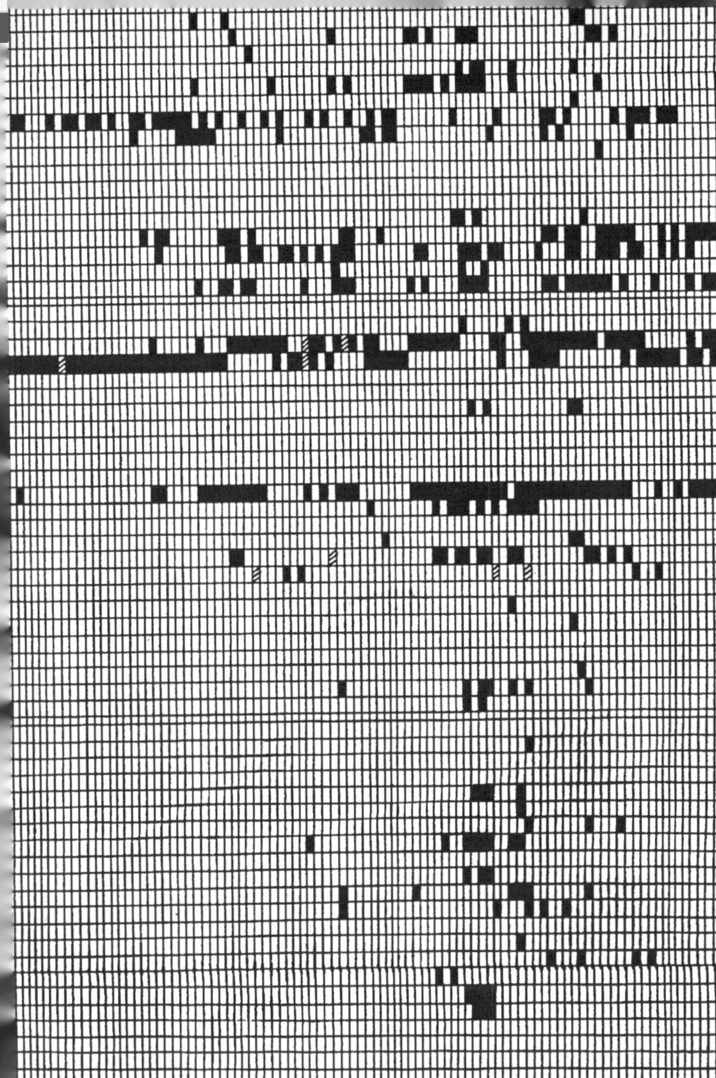

Gewässern. Oben sind die SBV-Werte (weiß) und die 1mg Cl in Kurven
skanal südlich des Xix-Sees). Die gestreiften Kästchen bedeuten juvenile
bestimmbare Individuen.

konnte aber während der gesamten Untersuchungszeit nicht gefunden werden. Das gleiche gilt für *Diaptomus salinus*, der sowohl im Mansfelder See (Deutschland) als auch im Balchasch bei Konzentrationen unter 1 g Cl/l lebt, allerdings sind dort die Konzentrationsschwankungen geringer. Vom jugoslawischen Natronseegebiet berichtete PROTIĆ (1936) das Vorkommen von *Laophonte mohammed* und *Eurytemora lacustris* (?).

Für das Gebiet von Österreich sind folgende Arten als neu anzusehen:

Daphnia similis	*Herpetocypris chevreuxi*
Ceriodaphnia setosa?	*Cyprinotus salinus?*
Metacyclops planus	*Hungarocypris madaraszi*
Candona parallela?[1]	*Potamocypris unicaudata*

erst einmal gefunden: *Diaptomus kupelwieseri*
Diaptomus wierzejskii

Die Rotatorienliste (Tab. 11) des Gebietes ist mit der vorliegenden Anzahl (ca. 65) sicher nicht erschöpfend. Teils ist dies auf die Sammeltechnik, teils auch auf das Unvermögen, die konservierten *Notommata-*, *Cephalodella-* und andere, vor allem bdelloide Formen zu bestimmen, zurückzuführen. Neu unter diesen Arten dürften für Österreich nur zwei Arten sein:

Brachionus novae-zelandiae var. hungaricus
Pedalia fennica var. medica

KERTÉSZ (1956) und NÓGRÁDI (1957) geben Rotatorienlisten aus dem Natrongebiet östlich von Budapest, die vorliegender in der Zusammensetzung nicht unähnlich sind, doch soll darauf nicht näher eingegangen werden.

Tabelle 11. Rotatorien
der untersuchten Seewinkelgewässer

Bdelloidea, undet.: 38 A?, N58, 43 O, 44 A?, O, N58, 49 J, O.
Rhinoglena fertöensis (Varga): 21 A, 21aA, 22 A, J, O, 52 A.
Trichotria pocillum (O. F. M.): 20 O, 21 O, 21aA, 49 O.
Platyas quadricornis (Ehrbg.): 8 A, 50 A.

[1] C. parallela wird neben *Herpetocypris spec.*, *Iliocypris bradyi* und *Candona sp.* von SCHERF (1937) aus einem Bohrprofil des Xix-See-Ufers angegeben (1,0—1,2 m), das in dieser Tiefe bereits dem obersten Pliozän entsprechen soll. Die außerordentlich ähnliche Ostrakodenzusammensetzung dieser Schicht mit jener der rezenten Lacken scheint mir neben anderen Gründen sehr gegen eine solche Behauptung zu sprechen.

Brachionus quadridentatus brevispinus (Ehrbg.): 11 J, 12 J, 17 A, 18 J, 19 A, J,
    20 J, O, 21 O, 23 J, 31 J, 34 J, 37 J, 38 J, 39 J, 39aJ58, 39aJ, 40 A, J, J58,
    54 J, 56 A, J.
Brachionus quadridentatus cluniorbicularis Skorikov: 39 J58, O, 40 J58, 54 J.
Brachionus calyciflorus Pallas: 14 A (Uferlache).
Brachionus calyciflorus dorcas (Gosse): 21 A.
Brachionus calyciflorus pala (Ehrbg.): 49 O.
Brachionus leydigi tridentatus (Sernov): 21 A.
Brachionus urceolaris O. F. M.: 20 O, 30 O, 49 O.
Brachionus plicatilis O.F.M.: 27 O, 28 O, 30 O, 38 N58, 39 J, N58, J58, Juli 58, O,
    43 O, N58.
Brachionus rubens Ehrbg.: 49 J.
Brachionus novae-zelandiae hungaricus Nogradi: 1 O, 41 A, J, O, 49 J.
Brachionus angularis bidens (Plate): 18 J, 49 O.
Lophocharis salpina (Ehrbg.): 17 A, 18 J, 20 O, 21 A, O, 23 O, 37 O, 38 A,
    39aJ58, 40 A, 43 J, 44 J, 49 O, 50 A, 54 A.
Mytilina mucronata (O. F. M.): 17 A, 20 A, O, 21 A, J, O, 21aA, O, 44 J, O, N58,
    49 O, 50 A.
Mytilina ventralis brevispina Ehrbg.: 14 O, 17 J, 18 J, 19 A, J, 20 J, O, 21aA, J,
    39aJ, 40 A, 43 J, 51 J, 50 A.
Tripleuchlanis plicata (Levander): 51 J.
Diplois daviesiae Gosse: 20 O.
Euchlanis sp.: 39aJ, 40 A.
Euchlanis dilatata Ehrbg.: 1aA, 6 A, 8 A, J58, O, 9 A, 11 J, 14 A (überschwemmte
    Wiese), 17 A, 20 A, J, O?, 21 A, J, 21aA, J, 23 O, 40 A, 44 J, 49 O, 50 A, 51 J.
Keratella cochlearis (Gosse): 14 O, 21 A, O, 23 O, 49 O.
Keratella quadrata (O. F. M.): 1aA, 6 A, 10 A, 14 O, 17 A, 18 A, 20 A, O, 21 A, O,
    21aA?
Notholca squamula (O. F. M.): 18 A, 20 O, 21 A, O, 49 O.
Notholca acuminata (Ehrbg.): 14 A (Uferlache), 18 A, J, 20 A, 21 A, 23 A, J, O,
    40 A, 49 O.
Lepadella ovalis (O. F. M.): 17 A, 20 J, 39aJ, 40 A.
Lepadella patella (O. F. M.): 18 J, 19 A, 20 O, 21aA, J, O, 44 J, O, 51 J.
Lepadella rhomboides (Gosse): 24 A.
Colurella adriatica Ehrbg.: 50 A.
Colurella sp.: 21aJ, 39aJ?
Lecane luna (O. F. M.): 6 A, 12 J, 17 J, 18 A, J, 20 J, O, 21 J, 21aA, J, 23 J, O,
    38 A, J, 39aJ, J58, 40 A, J58, 43 J, 43oJ, 44 J, 49 J, O, 51 J, 54 A, 56 A, J.
Lecane rhenana Hauer: 17 A, 18 J, 20 J, O, 21 A, O, 23 J, 38 A, 39aJ, 40 A,
    49 J, O, 51 J.
Lecane ohionensis jorroi Arevalo: 39aJ, 17 J, 18 J.
'Lecane bulla (Gosse): 18 J, 20 J, 21 J, 21aJ, 44 J, 20 O.
Lecane lunaris (Ehrbg.): 20 O, 23 O?, 40 J58?
Lecane lamellata (Daday): 18 J, 38 J, N58, 39 J, 39aJ58, 40 J, J58, 43 J, O, 43oJ, O.
Lecane sp.: 18 J, 20 J, 21aA, J, 39aJ, J58, 44 J, O, 51 J.
Lecane sp. (sehr kleine Form): 43 O.
Cephalodella stenroosi Wulfert: 54 A.
Cephalodella gibba (Ehrbg.)?: 18 J.
Cephalodella sp.: 38 J?, 43 O, 50 A.
Notommata glyphura Wulfert?: 10 J.
Notommata sp.: 17 A, 21 O, 20 J, 39 J, 39aJ, 40 A, J, J58, 43oO, 51 J, 56 J.
Trichocerca rattus (O. F. M.): 17 A, 18 J, 20 O, 21aA, 40 A, 49 O.
Trichocerca rattus carinata (Ehrbg.): 23 O, 40 A.
Trichocerca sp.: 20 J.

Gastropus sp. ?: 12 J.
Dicranophorus sp.: 21 O.
Asplanchna sieboldi (Leydig): 1aA, 6 A?
Asplanchna brightwelli Gosse: 8 J58, 10 J, 11 J, 14 O, 14 A (Uferlache).
Asplanchnopus multiceps (Schrank): 20 J, O, 21 J, O, 21aJ, O, 23 J, 43oO?,
    49 O, 50 A?
Polyarhta vulgaris Carlin: 6 A, 8 A, 14 O, 20 A, O, 21 O, 23 O, 49 O.
Synchaeta sp.: 6 A, 8 A, 21aJ, O, 49 O.
Testudinella patina (Hermann): 6 A, 8 J, 9 A, 11 J, 14 O, 17 A, J, 18 A, J, 19 A,
    20 A, J, O, 21 J, O, 21aA, O, 23 J, O, 43 A, J, 44 A, O, 46 A, 49 O, 50 A.
Testudinella emarginula (Stenroos): 40 A.
Testudinella sp.: 14 O.
Pedalia fennica (Levander): 11 J, 18 J, 20 J, 24 J, 25 A?, 37 J, 40 J.
Pedalia fennica medica Löffler: 22 O, 25 O, 27 O, 30 O, 34 J, 37 J, 38 J, 39aJ,
    J 58, 39 O, 40 J, J58.
Filinia longiseta (Ehrbg.): 1aA, 14 J, 22 J58, O.
Filinia major (Colditz): 21 A.

Jahreszeitliche Verteilung von Entomostraken und Rotatorien.

Entomostraken: periodisches Auftreten besonders planktischer Süßwasserorganismen wird in erster Linie durch klimatische Faktoren gesteuert, die vielfach auch indirekt über Veränderungen der osmotischen Konzentrationen wirken können. So ist denn auch ein maximaler Rhythmus des planktischen Faunenwechsels in den Gebieten mit Jahreszeitenklima gegeben, der gegen Zonen mit Tageszeitenklima stark abklingt: wohl sind dort, bedingt durch Trocken- und Regenperioden bisweilen auch Ursachen zu Periodizität gegeben (Aw-Klima nach KÖPPEN), doch sind diese weniger thermischer Art, sondern vielmehr Schwankungen in Wasserstand der einzelnen Gewässer und der Elektrolytkonzentrationen. Somit gehört es auch zum Bestand ältester limnologischer Erfahrungen, daß in gemäßigten Breiten (dimiktischen Gebieten) fallweise Winter- und Sommerplankton auftritt — entsprechend den thermischen Bedürfnissen der einzelnen Arten. Die Überschneidung von polythermen und kalt stenothermen Formen im dimiktischen Bereich wurde bereits an anderer Stelle ausführlich behandelt (LÖFFLER 1958). Es ist verständlich, daß nicht nur für Seen eine derartige Periodizität beschrieben werden kann, sondern auch für astatische oder perennierende Flachgewässer und Tümpel ein starker Wechsel der Faunenaspekte charakteristisch ist. Darauf hat vor allem GAUTHIER (1928, 1941) hingewiesen. Dieser jahreszeitliche Wechsel der Faunenaspekte ist zweifellos am stärksten innerhalb kontinentaler Gebiete und gilt hier im besonderen Ausmaß für flache Gewässertypen. Sobald der ozeanische Einfluß stark wird, schwindet dieser akzentuierte Wechsel vielfach, Winter- und

Sommerformen wechseln einander allmählich ab oder können überhaupt das ganze Jahr über bestehen. Beispiele dafür liefern die chilenischen Seen und Kleingewässer innerhalb des warm monomiktischen Gebietes, ähnliche Fälle müßten sich für die atlantischen Gebiete Europas notieren lassen. Für limnische Entsprechungen kontinentaler Steppenräume ist also von vornherein ein deutlicher Wechsel der jahreszeitlichen Faunenaspekte zu erwarten und trifft auch für das Untersuchungsgebiet in weitestem Ausmaß zu. Tab. 12 gibt nun die für die vier Jahreszeiten jeweils nur auf diese Zeiträume im Gebiet beschränkten Arten (in Klammer Zahl der Gewässer):

Tabelle 12.

Winter	Frühjahr	Sommer	Herbst
—	*Daphnia atkinsoni* (23)	*Macrothrix rosea* (8)	*Cypris pubera*(2)
	Cypris pubera (13)		
	Eucypris virens (20)		

Für diese zeitlich so begrenzt auftretenden Arten gibt es übrigens an mehreren Stellen gleichlautende Angaben. So wird für die hauptsächlich zirkummediterrane *Daphnia atkinsoni* von GAUTHIER (1941), MARGALEF (1953), MEGYERI (1958), NOGRADI (1957) ebenfalls der Zeitraum ihres Auftretens für die Monate März, April und Mai fixiert und ein gleiches gilt für *Macrothrix rosea* (vgl. die zitierten ungarischen Autoren), doch tritt die Art weiter im Süden, z. B. Korfu (STEPHANIDES 1948) bereits früher auf (April). *Eucypris virens* ist eine echte Frühjahrsform (vgl. KLIE 1938), die nur selten eine zweite Generation im Herbst hat. Dagegen kann *Cypris pubera* bis in den Sommer hinein andauern. In warmen Gebieten (Korfu, op. cit.) fallen die Maxima von *Eucypris virens* vielfach schon in den Winter, desgleichen für *Cypris pubera*.

Wenige Arten sind also nur auf eine Jahreszeit beschränkt. Um so deutlicher zeichnen sich dagegen Formen ab, die einerseits das Winter-, andererseits das Sommerhalbjahr, ihren thermischen Bedürfnissen entsprechend, bevorzugen. Freilich überwiegen letztere bei weitem, wie ja schon aus der viel geringeren Anzahl von Entomostraken und Rotatorien im Untersuchungsgebiet während des Winters hervorgeht (32 Entomostraken, 8 Rotatorien, vgl. LÖFFLER 1957). Tab. 13 stellt nun ausgesprochene Formen des Winterhalbjahres zusammen:

Tabelle 13.

Cyclops strenuus	*Keratella quadrata*
Canthocamptus staphylinus	*Notholca squamula*

Dazu können weiters *Diaptomus bacillifer* und vielleicht *Mytilina mucronata* gerechnet werden. *Diaptomus bacillifer*, im Gebiet 67mal gefunden, findet sich nur in 14 Juniproben und dann entweder nur spärlich oder in juvenilen Individuen vorhanden. Auch *Mytilina mucronata* konnte nur einmal im Juni festgestellt werden, während dagegen *Mytilina ventralis brevispina* vorzüglich während dieser Zeit anzutreffen war. Wahrscheinlich gehören in diese Gruppe außerdem noch *Cyclops furcifer* und *Diacyclops bisetosus*. *Cyclops strenuus* wird von DUSSART (1958) ausdrücklich als Winterform bezeichnet, für *furcifer* geben wiederum MARGALEF (1953) und STEPHANIDES (1948) an, daß diese Art das Winterhalbjahr bevorzuge (bei STEPHANIDES, Korfu, 2. 10.—12. 6.). Ebenso führt STEPHANIDES für *Diacyclops bisetosus* die Zeit November—März an. Schließlich ist es auf Grund der bisher vorliegenden Daten nicht unwahrscheinlich, daß auch *Diaptomus kupelwieseri* und *Diaptomus wierzejski* in unseren Breiten zum Formenkreis des Winterhalbjahres gehören. Letztere Art wurde erst jüngst im Dezember bei Schwechat (Niederösterreich) gefunden (PESTA 1954). Damit würde die Zahl der mehr oder weniger kalt stenothermen Arten im Gebiet bei 10 liegen, während die der polythermen etwa die doppelte Zahl betragen mag. Unter diese Arten fallen vor allem auch die für Österreich neu beschriebenen, wie *Daphnia similis* (nächste Fundorte in Ungarn, Polen und Jugoslawien), *Metacyclops planus* (nächste Fundorte Kroatien, Korfu), *Herpetocypris chevreuxi* (atlantische Länder Europas und Mediterrangebiet) und *Hungarocypris madaraszi* (Ungarn, Asien). Über die beiden letzteren vgl. KLIE 1926 und 1933.

Die jahreszeitlichen Aspekte verlaufen in den einzelnen Gewässern auch bei gleicher Artzusammensetzung durchaus nicht synchron. Beschleunigungen oder Verzögerungen gegenüber anderen Lacken sind, wahrscheinlich bedingt durch Größe der einzelnen Wasserkörper sowie durch deren Trübungsgrade und höhere Vegetation, auch interspezifische Konkurrenz, regelmäßig zu beobachten. Als Beispiel dafür mögen die benachbarten, fast gleich großen Gewässer 13 und 16 dienen, deren Cladocerenaspekte sich folgendermaßen abwandeln:

	April	Juni	Oktober
Gewässer 13:	*Daphnia atkinsoni*	*Moina rectirostris*	
		Daphnia similis	
Gewässer 16:		*Moina rectirostris*	
	Daphnia atkinsoni		*Daphnia similis*
			Daphnia magna

In den stärker alkalischen Gewässern, wo der jahreszeitliche Aspekt vor allem auch stark durch den Anstieg der Elektrolytkonzentration gesteuert wird, ist der Herbst (mit den maximalen Konzentrationen) häufig negativ gekennzeichnet, indem keine neuen Arten auftreten, oder andere, sommerliche Formen auszufallen beginnen. Schließlich muß noch hervorgehoben werden, daß in den durch Kanäle miteinander verbundenen Gewässern Verdriftung der einzelnen Arten zusätzliche Veränderungen im Artgefüge bedingen mag.

Beitrag zu den ökologischen Ansprüchen der einzelnen Arten.

Für die Verteilung einiger Arten ist neben den gerade besprochenen klimatischen Bedingungen vor allem die Größe der Gewässer, bzw. das Ausmaß ihrer freien Wasserfläche maßgeblich. Hierher zählen vor allem *Filinia longiseta*, dann *Bosmina longirostris* und in geringerem Ausmaß *Diaphanosoma brachyurum*. Weiters sind, wie bereits festgestellt wurde (Löffler 1957), die anorganischen Trübungen für einen Großteil der Arten begrenzender Faktor. Davon sind besonders die Rotatorien betroffen, deren Filtriertätigkeit wahrscheinlich besonders stark gestört wird[1]. Nur *Pedalia fennica medica* und einige *Brachionus*-Arten (u. a. B. *novaezelandiae hungaricus*) scheinen sich mit diesen Verhältnissen erfolgreich auseinanderzusetzen. Während zunehmende anorganische Trübung die Artenzahl senkt, ist dagegen der humösen Färbung im Gebiet nirgends begrenzende Wirkung zuzuschreiben. Megyeri (1958) betont zwar eine Aufteilung von *Diaptomus spinosus* und *Diaptomus bacillifer* auf je getrübte und organisch gefärbte Gewässer, doch kann ich diese Beobachtung nicht bestätigen, auch wäre ein Grund dafür nicht recht einzusehen.

Außerordentlichen Einfluß auf das Artengefüge hat nun die Konzentration der verschiedenen Ionen in den einzelnen Gewässern. Und zwar sind es im untersuchten Gebiet die Anionen, die einen derartigen Einfluß erkennen lassen, da weder hohe, toxische Kaliumkonzentrationen erreicht werden, noch die erforderlichen Minima für Ca^{++} und Mg^{++} unterschritten sein dürften, auch wenn es kurzfristig zu deutlicher Verarmung dieser Erdalkalien kommt. Für Cl^- werden nur selten begrenzende Konzentrationen überschritten, unter anderem im Albersee mit fast 2200 mg/l, wo man bereits von einem ausgesprochenen Mesohalinikum sprechen kann (sal. 3—18⁰/₀₀). Doch ist auch dieses Gewässer

---

[1] Es wäre zu prüfen, wieweit die Partikelgröße hier eine Rolle spielt·

eher negativ gekennzeichnet, da z. B. Entomostraken, die für Chloridgewässer halobiont sind, im Gebiet völlig fehlen. Dagegen sind unter den Rotatorien einige Arten, die stark alkalische Gewässer zu meiden und sich auf die chloridreichen Lacken zu beschränken scheinen: etwa *Lecane lamellata* und *Lecane ohionensis jorroi* (vgl. RODEWALD 1940), die kürzlich auch für iranische Chloridgewässer beschrieben werden konnten (LÖFFLER 1959). Viererlei Typen für Halophilie lassen sich hervorheben:

1. Ausschließlich auf Chloridgewässer beschränkt (fehlen im Gebiet, hierher ist sehr wahrscheinlich *Diaptomus salinus* zu rechnen).

2. Fallweise Bevorzugung von Chloridgewässern und hohen Sulfatkonzentrationen[1]: im Gebiet *Lecane lamellata* (Gewässer 39 und 43a!)

3. Sämtliche Gewässertypen mit erhöhten Elektrolytkonzentrationen, also auch Natrongewässer, werden bevorzugt: im Gebiet z. B. *Brachionus plicatilis*.

4. Ausschließlich Natrongewässer werden bewohnt: hierher zählen nun neben *Diaptomus spinosus* Arten, die weiter unten besprochen werden sollen.

Augenscheinlich sind damit Salinitätsangaben bei REMANE (1958) für Zooplankter der Binnengewässer, ganz abgesehen davon, daß für die einzelnen Anionen die kritischen oberen und unteren Grenzen bei ganz verschiedenen Konzentrationen liegen, nur von beschränktem Wert. Von den im Gebiet vorkommenden Arten führt REMANE für Salinität 10—20%, z. B. folgende Cladoceren an:

Daphnia atkinsoni   *Moina rectirostris*
Daphnia magna   *Macrothrix hirsuticornis*
Diaphanosoma brachyurum   *Alona rectangula*
Simocephalus exspinosus

Wären alle diese Werte experimentell für sämtliche Ionen ermittelt worden, so käme ihnen ein Vergleichswert zu, der so natürlich fehlt. Es wäre daher wesentlich, Salinitätsangaben für Binnengewässerorganismen sowie Vermerke über Halophilie mit einem Anionenindex zu versehen. Z. B. $SAL_{CO_3} = x^0/_{00}$.

---

[1] Vielleicht auch Borate.

Tabelle 14.

Entomostraken, die im Gebiet ihre obere Cl-Grenze bei über 500 lmg haben.

Margalef (1953)

Daphnia pulex	504	
Ceriodaphnia reticulata	504	
Diaphanosoma brachyurum	536	
Simocephalus exspinosus	536	
Diacyclops bicuspidatus	536	– 15,6 g Cl/l
Cyprinotus salinus	536	
Potamocypris unicaudata	536	
Ceriodaphnia setosa	584	
Acanthocyclops vernalis	592	
Alona tenuicaudis	646	
Chydorus sphäricus	646	– 1,9 g Cl/l
Daphnia longispina	732	
Cyclops strenuus	732	– 2,9 g Cl/l
Eucypris virens	732	– 2,2 g Cl/l
Candona parallela	748	
Cyclops viridis	1028	– 1,9 g Cl/l
Branchinecta orientalis	1046	
Macrothrix hirsuticornis	1046	– 15,0 g Cl/l
Diacyclops bisetosus	1240	– 28,0 g Cl/l
Daphnia magna	1680	– 3,9 g Cl/l
Diaptomus bacillifer	1680	
Moina rectirostris	1978	– 15,6 g Cl/l
Alona rectangula	2160	– 1,0 g Cl/l
Diaptomus spinosus	2160	
Limnocythere inopinata	2160	

Außerdem gibt Margalef (1953) für folgende, im Gebiet bei Cl-Konz. unter 500 lmg vorkommende Arten obere Chloridkonzentrationen an:

Simocephalus vetula	– 1,6 g Cl/l
Diaptomus wierzejski	– 3,0 g Cl/l
Cyclops serrulatus	– 1,6 g Cl/l
Cyclops fimbriatus	– 1,9 g Cl/l
Heterocypris incongruens	– 2,0 g Cl/l
Cypridopsis newtoni	– 0,56 g Cl/l

Während also die Fälle 1 und 2 gar nicht oder nur in geringem Ausmaß im Gebiet verwirklicht sind, lassen sich um so mehr Formen verzeichnen, die wahllos halophil sind oder erhöhten Elektrolytkonzentrationen gegenüber größere Toleranz zeigen. Zu ersteren sind folgende Arten zu rechnen:

Diacyclops bisetosus   *Potamocypris unicaudata?*
Cyprinotus salinus   *Brachionus plicatilis*
Cypridopsis newtoni   *Brachionus angularis*

Zur zweiten Gruppe muß die Mehrzahl aller im Gebiet auftretenden Arten gerechnet werden. Abb. 5 zeigt die Verteilung der Entomostraken in sämtlichen untersuchten Gewässern, für die in diesem Schaubild auch gleichzeitig die Chlorid- und SBV-Werte Darstellung finden. In Tab. 14 sind außerdem nochmals diejenigen Entomostraken aufgeführt, die in Chloridkonzentrationen oberhalb 500 lmg vorkommen. Daneben sind die oberen Grenzen für Chloridkonzentrationen nach MARGALEF (1953) verzeichnet, die erkennen lassen, daß es sich im Sinn von Chloriden um weitgehend euryhaline Tiere im Gebiet handelt. Ein gleiches gilt für den Großteil der Rotatorien, besonders die *Brachionus-*, *Filinia-*, *Keratella-*, *Polyarthra-*, *Lecane-* und vor allem auch *Pedalia*-Arten des Gebietes. Nur in 38, 39 und 45 werden die Chloridkonzentrationen häufiger eine kritische Grenze überschreiten.

Entomostraken- und Rotatorienfauna der
Sodagewässer.

In keinem der untersuchten Gewässer wird der SBV-Wert von 5 unterschritten. Der erhöhte Gehalt an Bikarbonaten und Karbonaten, und zwar fast ausschließlich von Alkalien, ist vielmehr für das Seengebiet östlich vom Neusiedler See (und auch für diesen selbst) charakteristisch. Während die Erhöhung der übrigen Ionenkonzentrationen vor allem osmotisch wirksam wird, ergeben sich bei Zunahme des Karbonatgehaltes auch für die Atmung pflanzlicher und tierischer Plankter wesentliche Veränderungen, indem für erstere Bikarbonat- und Karbonatkohlensäure in fast unbegrenzten Mengen zur Verfügung steht, bei letzteren wiederum die Abgabe von CO_2 zu keiner Verschlechterung des Atemklimas führen wird. Allerdings ist in den fraglichen Gewässern durch geringe Tiefe und häufige Winde meist von vornherein eine gute Durchlüftung garantiert. Andererseits macht sich zweifellos die Erhöhung der pH-Werte bemerkbar, die im Gebiet vor allem Cladoceren[1] neutraler oder schwach saurer Gewässer völlig ausschließen (u. a. Streblocerus, mehrere *Alona-* und *Chydorus*-Arten). Da gerade in der letzten Zeit mehrere Arbeiten aus dem benachbarten ungarischen Natrongebieten die Fauna der Sodagewässer besprechen, soll hier auf einige dieser Studien (PONYI 1956, MEGYERI 1958 a, b, c, NOGRADI 1957) vergleichend eingegangen werden. Zunächst seien

---

[1] Ostrakoden meiden Gewässer mit pH $<6{,}0$ (KLIE 1937).

dazu die im Gebiet gefundenen Formen im Zusammenhang mit ihrer SBV-Toleranz besprochen. Tab. 15 gibt alle hier beschriebenen Entomostraken, geordnet nach den Fundorten mit maximalem SBV. Leider liefert die Literatur nur spärliche Vergleichsdaten über SBV-Toleranz, dagegen haben sich mehrere Autoren mit den oberen p_H-Grenzen der Entomostraken befaßt (Klie 1937, Lowndes 1928, Margalef 1953) und für folgende Arten p_H-Toleranz bis und über 8,5 notiert:

Daphnia magna (9,2)   *Ectocyclops phaleratus* (8,6)
Simocephalus vetula (9,2)   *Moina rectirostris* (über 10)
Canthocamptus staphylinus (8,4)   *Diaptomus spinosus* (über 10)
Mesocyclops leuckarti (9,8)   *Cyclops viridis* (über 10)
Eucyclops serrulatus speratus (9,0)

Für die letzten drei Arten sind die Werte den Arbeiten von Gessner (1955) und Löffler (1956) entnommen. Außerdem aber dürfte nun ein Gutteil der in Tab. 15 verzeichneten Arten zu jener Entomostrakengruppe gestellt werden, die p_H-Werte bis 9 und darüber erträgt.

Aus Tab. 15 geht außerdem hervor, daß 10 Arten noch bei einem SBV von über 50, drei Arten bei einem von über 80 angetroffen wurden. *Diaptomus spinosus* und *Limnocythere inopinata* schließlich fanden sich noch bei dem Rekordwert von fast 143, der ziemlich genau einer n/7-Sodalösung resp. Lauge entspricht.

Tabelle 15. Die Entomostraken, nach ihrer SBV-Toleranz geordnet (obere gefundene Grenze).

(In Klammer: Zahl der Funde.)

Hungarocypris madaraszi	(1)	6,0	Mesocyclops leuckarti	(2)	13,3
Candona neglecta	(1)	6,0	Tropocyclops prasinus	(1)	13,3
Cypridopsis newtoni	(1)	7,9	Eucyclops s. speratus	(1)	14,0
Diaptomus wierzejski	(1)	8,6	Iliocypris decipiens	(2)	14,8
Ectocyclops phaleratus	(2)	8,6	Diaptomus kupelwieseri	(6)	14,8
Paracyclops affinis	(1)	8,6	Iliocypris bradyi	(1)	14,9
Iliocypris gibba	(1)	11,0	Cypridopsis obesa?	(2)	15,4
Eucyclops macruroides	(1)	11,0	Pleuroxus aduncus	(3)	15,4
Paracyclops fimbratius	(1)	11,0	Scapholeberis aurita	(2)	16,2
Macrothrix laticornis	(2)	12,4	Bosmia longirostris	(5)	16,2
Leydigia acanthocercoides	(2)	12,4	Iliocypris biplicata	(5)	16,2
Metacyclops gracilis	(6)	12,4	Cyclops furcifer	(1)	17,6
Candona protzi?	(1)	12,7			(32,4)
Candonopsis kingsleyi	(3)	12,8	Ceriodaphnia quadrangula	(5)	18,4
Elaphoidella gracilis	(2)	12,8	Simocephalus vetulus	(23)	19,0
Cyclocypris ovum	(6)	13,0	Pleuroxus trigonellus	(15)	19,0
Cyclocypris laevis	(3)	13,0	Eucyclops serrulatus	(27)	19,0
Notodromas monacha	(5)	13,0	Microcyclops bicolor	(2)	19,0
Microcyclops rubellus	(1)	13,3	Herpetocypris chevreuxi	(6)	19,0

Cypridopsis vidua	(2)	19,0	Ceriodaphnia reticulata	(29)	34,0
Alonella excisa	(13)	20,4	Simocephalus exspinosus	(27)	34,0
Canthocamptus staphylinus	(18)	20,4	Macrothrix rosea	(7)	34,0
Eucypris virens	(19)	20,4	Candona parallela	(12)	35,0
Ceriodaphnia dubia	(11)	23,5	Diacyclops bisetosus	(8)	35,4
Metacyclops minutus	(5)	24,4	Diaphanosoma brachyurum	(13)	39,4
Cypris pubera	(14)	24,4	Chydorus sphäricus	(72)	39,4
Daphnia pulex	(14)	26,8	Diacyclops bicuspidatus	(30)	39,4
Daphnia longispina	(32)	26,8	Heterocypris incongruens	(5)	43,8
Candona pratensis	(7)	26,8	Branchinecta orientalis	(21)	51,0
Metacyclops planus	(4)	28,2	Alona tenuicaudis	(44)	51,0
Cyprinotus salinus	(6)	28,2	Cyclops viridis	(92)	51,0
Potamocypris unicaudata	(8)	28,2	Alona rectangula	(57)	57,0
Ceriodaphnia setosa	(2)	28,8	Diaptomus bacillifer	(67)	65,2
Cyclops strenuus	(31)	29,5	Daphnia magna	(82)	68,0
Daphnia similis	(5)	31,6	Macrothrix hirsuticornis	(25)	68,0
Daphnia atkinsoni	(23)	32,0	Moina rectirostris	(67)	87,0
Acanthocyclops vernalis	(9)	33,4	Diaptomus spinosus	(95)	142,8
Scapholeberis mucronata	(23)	34,0	Limnocythere inopinata	(121)	142,8

JENKIN (1932), die zum ersten Mal über stark alkalische Gewässer aus Afrika berichtet, findet bei einem SBV von über 100 wohl Rotatorien, aber keine Entomostraken. Zu ersteren gehören drei *Brachionus*-Arten (*calyciflorus pala, dimidiatus* und *plicatilis*), *Cephalodella elmenteita* und *Pedalia jenkinae*, die zusammen im Elmenteita-See, Kenya, SBV 220, vorkommen. Aus diesem See wurde nur nach starken Regenfällen auch eine *Cypria* sp. und *Paradiaptomus biramata* beschrieben. (Bei einem SBV von über 500 fehlen nach BEADLE 1932 auch Rotatorien.) Die eben erwähnte *Pedalia jenkinae*, die sich von *P. fennica* durch kürzere Ruderarme und größere Zahnzahl des Kauers auszeichnet, wurde später in Nordamerika aus ebenfalls stark alkalischen Seen bekannt (HUTCHINSON 1937). Außerdem konnte von Iran eine vielzähnige *Pedalia* angeführt werden (LÖFFLER, 1954), *Pedalia fennica medica* und für den Wansee in Anatolien lieferte HAUER (1957) die Beschreibung einer solchen *Pedalia*. Auch in Iran und Anatolien handelt es sich um Sodagewässer. Somit liegt auch die Vermutung nahe, daß es sich in allen Fällen um dieselbe Art handeln könnte, doch steht mangels Vergleichsmaterials dafür der Beweis noch aus. In der vorangegangenen Studie über die Seewinkelgewässer (LÖFFLER 1957) wurde die Vermutung ausgesprochen, daß auch im Seewinkelgebiet mit einer vielzähnigen *Pedalia* zu rechnen sei. Diese Erwartung wurde nun bestätigt: In einem Dutzend Proben war eine derartige Form reichlich vertreten, oft neben der normalen *P. fennica* (vgl. systematischer Anhang). Und zwar hauptsächlich in den stark alkalischen Lacken: 25, 27, 30 etc. Diese neuerlichen Funde rechtfertigen vorläufig die Annahme, daß es sich zumindest bei den

Tieren aus Iran, Anatolien und Seewinkel um eine natronophile Art handelt, die, falls tatsächlich identisch mit *jenkinae*, sogar kosmopolitisch wäre.

Eine weitere Art, für die eine Bevorzugung alkalischer Gewässer angenommen werden kann, ist *Brachionus novae-zelandiae hungaricus*, von Nogradi als neue Form von einem Natrongewässer Ungarns beschrieben. Da auch die Stammform u. a. für Südafrika aus einem der alkalischen (pH 9,0) „pans" angegeben wird (Hutchinson et al. 1932), liefern die Funde von alkalischen Seewinkelgewässern, 1, 41, 49, ebenfalls einen weiteren Hinweis auf wahrscheinlich vorliegende Natronophilie. Außer Zweifel steht schließlich noch *Diaptomus spinosus* als Leitform[1] für Natrongewässer (Seewinkel, Ungarn, Wansee, Iran), so daß nun in der Tat drei alkalobionte Arten für eine erste kritische Liste verzeichnet werden dürften. Alle anderen im Gebiet bis zu höchsten Karbonatkonzentrationen vorkommenden Arten sind dagegen bloß sowohl in qualitativem als auch quantitativem Sinn euryhaline Formen. Hierher gehören vor allem *Limnocythere inopinata*, die u. a. auch schon im Sodasee Guru-göl (Iran) festgestellt wurde und die *Moina*-Arten, die zum Großteil hohes SBV tolerieren. So lassen sich für folgende Natrongewässer *Moina*-Arten anführen:

Seewinkel, SBV 143 *Moina rectirostris*
Wansee, SBV 155, *Moina macrocopa?*
Ungarn, SBV 63, *Moina brachiata*
Winnemuca, SBV ∽96, *Moina hutchinsoni*
Baringo, SBV 10, *Moina dubia var. parva*

Aus Südamerika hoffe ich in Kürze über einige Moinen aus alkalischen Gewässern berichten zu können.

Ponyi (1956) hebt in seiner Arbeit über die Diaptomiden der Natrongewässer von der großen ungarischen Tiefebene folgende Arten als typische Vertreter und Leitformen alkalischer Seen hervor: *Diaptomus amblyodon, wierzejski* und *bacillifer*, den er (vgl. systematischer Anhang) als „*natronophilus*" bezeichnet. Für die erstgenannten mag stimmen, daß sie erhöhte Salzkonzentrationen ganz allgemein vertragen (vgl. Margalef 1953), keineswegs handelt es sich aber um natronophile Diaptomiden, wie dies übrigens auch Megyeri (1958) bereits betont hat. Was nun *bacillifer* anbelangt, so gilt hier bloß, daß diese Art deutlich euryhalin für alle Anionen ist, auf keinen Fall ist sie eine alkalobionte Form.

---

[1] Dazu kommen vielleicht noch aus Transvaal (Hutchinson et al. 1932) *Lovenula excellens, Paradiaptomus transvaalensis* (beide bis SBV über 100) und *Daphnia gibba* (?)

Tabelle 16. Besiedlungsdichten der Gewässer.

In Klammer steht die Anzahl der Funde.

Br	Branchinecta	M	Moina	Ch	Chydorus	C	Cyclops
D	Daphnia magna	Ce	Ceriodaphnia	Cl	Cladoceren, juv.	c	Copepodit
Dp	Daphnia pulex	P	Pleuroxus	Dia	Diaptomus	n	Nauplius
B	Bosmina						

0—10 Tiere: (16) 2 A (10 Dia), 5 A (6 C), 6 A (—), 9 A (6 D), 13 J (?), 16 A, J (?), 21 J (—), 26 J (?), 27 J (6 Br?), 29 A (?), 35 J (?), 36 J (6 Dia?), 39aJ (—), 39aO (6 Dia), 58 O (6 D).

10—50 Tiere: (47) 1 A (6 D, 30 Dia), 1aA (6 D, 20 Dia), 7 A (30 D), 7 O (24 Dia), 8 O (36 D), 11 J (6 D, 24 Dia), 11 O (6 D, 24 Dia), 12 A (24 D, 12 Dia), 13 A (42 D), 14 J (6 Dp, 30 Dia), 18 J (36 Cc), 19 J (36 Diac), 21 A (12 D), 22 O (12 Dia), 23 O (6 D, 24 Dia), 24 J (12 M), 24 O (24 D, 6 Dia), 25 O (6 M, 18 Dia), 26 A (12 Dia), 26 O (6 M, 6 Dia), 27 A (18 Dia), 27 O (12 Dia), 28 A (12 Dia), 30 A (12 Dia), 30 O (30 M), 32 A (6 D, 24 Dia), 36 A (6 D, 12 Dia, 6 C, 6 c), 36 O (6 D, 30 Dia), 37 A (18 D, 6 Dia), 37 O (36 D, 12 Ch), 38 A (12 Dia, 12 Diac), 41 A (12 D, 24 Dia), 42 A (12 D, 12 Dia), 42 J (24 Dia), 43o J (24 Dia), 45 O (36 Dia), 46 A (18 D, 24 c, n), 46 O (12 D, 18 C, 18 N), 48 A (30 Dia), 49 A (18 Dia), 49 J (42 Dia, n?), 49 O (12 B), 50 A (42 Cc), 51 J (24 c), 52 O (18 Dia), 56 A (12 D, 6 C), 56 O (36 Dia).

50—100 Tiere: (32) 1aO (90 A, 12 C), 8 A (48 D, 6 C), 10 A (30 D, 60 Dia), 11 A (6 D, 60 Dia), 13 J (90 Dia), 14 A (100 Dia), 14 O (6 Ce, 60 Ch, 12 Dia), 21 O (6 Ce, 42 Ch, 18 Dia, 6 C), 22 A (60 Dia), 22 J (70 Dia), 23 A (90 Dia), 23 J (48 Dia, 30 Cl), 24 A (24 D, 36 Dia), 31 O (90 Dia), 32 J (60 Dia), 33 A (72 Dia), 33 J (90 M, 6 Dia), 34 J (12 Dia, 60 Diac), 34 O (72 Dia), 35 A (100 Dia), 38 O (90 Dia), 39 A (78 Cl, 12 Dia, 6 C), 39 O (36 M, 30 Dia), 40 A (60 n), 40 O (60 D, 36 Dia), 44 A (90 D, 6 P), 45 A (18 D, 48 Dia), 47 O (24 D, 48 Dia), 48 O (60 Dia), 51 A (18 Dia, 82 c, n), 54 A (60 D, 6 Dia), 57 O (36 D, 24 Dia).

100—200 Tiere: (25) 3 A (180 D, 18 Dia), 12 O (30 D, 120 Dia), 16 O (6 D, 180 Dia), 17 O (54 D, 90 Ch), 18 O (120 D, 30 Ch), 19 A (24 D, 6 Dia, 170 n), 19 O (72 Diac, 120 n), 20 O (6 Ch, 120 Cc), 25 J (150 M), 28 O (150 Dia), 29 J (180 M, 18 Dia), 29 O (6 M, 120 Dia), 32 O (138 Dia), 33 O (150 Dia), 35 O (180 Dia), 39 J (120 n), 40 J (6 Dia, 120 Diac), 43 J (6 Dia, 120 Diac, n), 43o O (108 D, 6 Dia), 44 O (60 D, 6 Ch, 6 C, 60 n), 48 J (150 Dia), 51 O (96 D, 6 Dia), 52 A (36 Dia, 120 c, n), 54 O (18 D, 120 Dia), 56 J (6 D, 150 M, 6 Dia).

200—300 Tiere: (15) 2 O (300 D), 4 A (130 D, 70 Dia), 10 J (48 C, 180 n), 15 J (24 Dia, 200 n), 17 A (90 Dia, 120 n), 18 A (6 D, 180 Dia, 6 C), 20 A (6 D, 150 Dia, 60 n), 21aJ (30 C, 210 Cc), 25 A (210 Dia), 34 A (120 Dia, 120 n), 41 J (6 D, 144 M, 24 Dia, 48 Diac), 41 O (60 D, 240 Dia), 42 O (6 D, 270 Dia), 43 O (6 Ce, 12 Dia, 6 C, 240 n), 47 A (96 D, 12 Dia).

300—500 Tiere: (11) 1 O (30 D, 300 Dia), 3 O (18 D, 300 Dia), 8 J (150 c, 240 n) 12 J (24 Dia, 470 n), 21aA (18 C, 300 n), 21aO (6 D, 6 C, 300 n) 31 A (450 Dia), 38 J (30 Dia, 360 Diac), 43 A (6 Dia, 360 n), 44 J (6 C, 360 Cc), 54 J (60 M, 250 Dia, 96 Diac).

500—1000 Tiere: —

1000— Tiere: (1) 37 J (30 Dia, 1200 Diac).

Tabelle 17. Dominante Arten in den Seewinkelproben.

Daphnia magna: 18 A, O, 24 O, 39 A, 39aO, 43oO, 47 O, 49 J, 51 O, 54 A, 58 N58,

Moina rectirostris: 12 J, 13 J, 16 J, O, 19 N58, 24 J, 27 O, 36 J58, 39 Ju58, O, 56 J, J58, N 58.

Chydorus sphaericus: 6 A, 8 O, 17 A, J, O, 18 J, 20 O, 21aA, O, 49 O, 51 J, F.

Daphnia atkinsoni: 3 A, 12 A, 13 A, 24 A, 47 A.

Daphnia longispina: 8 J, 10 J, 11 J, 23 O, 46 A.

Diaphanosoma brachyurum: 14 J, 22 J, J58, 58 O.

Simocephalus vetulus: 9 O.

Simocephalus exspinosus: 44 J, F.

Daphnia pulex: 44 A.

Ceriodaphnia reticulata: 44 J.

Pleuroxus trigonellus: 21aO.

Branchinecta orientalis: 26 A.

Diaptomus spinosus: 1 A, O, 2 A, O, 3 O, 7 O, 11 A, J, O, 12 O, 13 O, 14 A, O, 15 J, 16 A, 21 A, O, 22 A, O, N58, 23 J, 25 A, J, J58, O, 26 J, J58, 27 A, J, O, 28 A, O, 29 A, J, 30 A, O, 31 A, J, O, 32 A, J, O, 33 A, J, O, 34 A, J, O, 35 A, J, O, 36 A, J, O, N58, 38 N58, 39 N58, 41 A, J, O, 42 A, J, J58, O, 47 O. 48 A, J, O, 52 O, 54 J, O, 56 A, J58, O, 57 O, N58.

Diaptomus bacillifer: 1aA, 4 A, 10 A, 11 A, 19 A, J, O, 20 A, 23 A, 37 A, J (j), O, 38 A, J (j), O, 39 A, O, 39aO, 40 A, J (j), J58 (j), O, 43 A, J (j), O, 43oJ (j), O, N58, 45 A, O, 49 A, J, 51 A, O, 52 A, 57 O.

Cyclops serrulatus: 8 A, 21 J, 21aJ, N58.

Cyclops viridis: 43 O.

Cyclops strenuus: 43 N58.

Cyclops furcifer: 5 A.

Cypris pubera: 50 A.

Potamocypris sp.: 1aO.

Limnocythere inopinata: 39 J, J58, 39aJ, 54 J58.

Es dominieren:		A	J	O
Calaniden	in 54 Gewässern	38	24	39
Cladoceren	in 47 Gewässern	13	16	18
Cyclopiden	in 6 Gewässern	2	2	1
Ostrakoden	in 5 Gewässern	1	2	1
Euphyllopoden	1 Gewässer	1		

Vergleichsweise liegen also für Natrongewässer wenig Spezialisten vor, und es hat ganz den Anschein, als ob euryhaline Formen und wahllos halophile Arten in alkalischen Gewässern vorherrschen würden. Unsicher bleibt vorerst, bis zu welchen Karbonatkonzentrationen oder überhaupt SBV-Werten die natronophilen Elemente aufsteigen können, doch dürfte sich diese Frage vor allem mit Hilfe der leicht kultivierbaren Art *Diaptomus spinosus* auf experimentellem Weg ermitteln lassen[1].

Die maßgeblichen Faktoren für die qualitative Zusammensetzung der Faunenaspekte sind mit Klima und chemischen Bedingungen in den Gewässern des Seewinkels keineswegs er-

---

[1] Versuche haben inzwischen ergeben, daß *Diaptomus spinosus* Konzentrationen mindestens bis zu 12,5 g CO_3^{--}/l (als Na_2CO_3) und p_H-Werte bis zu 10,6 verträgt. Es entspricht dies einem SVB von über 400.

schöpft[1], es sei vor allem noch auf die bereits früher (LÖFFLER 1957) angeschnittene Frage der Substratverhältnisse in den einzelnen Lacken hingewiesen, denen vor allem für Ostrakoden, bodenbewohnende Copepoden (*E. phaleratus* usw.) und Cladoceren Bedeutung zukommt. Auch hierüber werden erst mittels einer geeigneten quantitativen Methodik nähere Zusammenhänge aufgezeigt werden können.

Offen bleibt weiters auch noch die Frage nach den Ursachen für die Besiedlungsdichte in den einzelnen Gewässern, die scheinbar unabhängig von all den angeführten Faktoren starken Schwankungen von Gewässer zu Gewässer sowie innerhalb derselben unterliegt und weitgehend in die Produktionsproblematik überleitet. In Tab. 16 sind die quantitativen Literwerte für die meisten Gewässer zusammengestellt, doch kommt diesen Zahlen wegen der weit auseinanderliegenden Untersuchungszeiten und der ungleichmäßigen Verteilung der schwarmmäßig auftretenden Entomostraken in diesen Gewässern nur untergeordnete Bedeutung zu. Die maximalen Werte liegen bei etwas über 1000. Schließlich gibt Tab. 17 Aufschluß über die Verteilung der dominanten Arten in den Gewässern: gegenüber den winterlich weit überwiegenden Copepoden (74%), treten erwartungsgemäß im Verlauf des Sommerhalbjahres die Cladoceren stark in den Vordergrund, doch bleiben die Copepoden, bedingt durch *Diaptomus spinosus* als Leitform für Natrongewässer, weiterhin in Führung. Deutlich bringt diese Tabelle ferner nochmals die jahreszeitlichen Maxima der einzelnen Arten im Gebiet zum Ausdruck, die in Abb. 5, wo auch Einzelindividuen Berücksichtigung finden, manchmal verwischt erscheinen. (So tritt z. B. *Moina rectirostris* im April noch nirgends dominant auf, doch verschieben sich die Maxima dieser Art bisweilen zum Herbstende, bedingt durch die hohen Temperaturmittel dieser Zeit: vgl. den Abschnitt über Klima.) Auch kann hier nochmals auf die Bevorzugung kühlerer Jahreszeiten durch *D. bacillifer* hingewiesen werden, wo die wenigen sommerlichen Maxima hauptsächlich durch Copepoditstadien gegeben sind: es wäre erforderlich nachzuprüfen, ob für diese Art während der warmen Jahreszeit eine Entwicklungsverzögerung beobachtet werden kann und die Copepoditstadien die „Übersommerung" leisten.

[1] Ein weiterer solcher Faktor in den Gewässern selbst ist die Vegetation, wie entsprechende Aufsammlungen in 8 zeigten: so dominiert dort *Chydorus* in den Conjugatenwatten und Utriculariabeständen, während in Chara- und Potamogetonbeständen wiederum *Cyclops (viridis, serrulatus)* hervortritt. In einer Untersuchung über die Uferentomostraken des Ohrid-Sees hoffe ich, darüber näheres mitteilen zu können. Vgl. auch REINSCH (1924).

Limno-Zoogeographische Analyse des Seewinkels
auf Grund der Entomostrakenfauna.

Die ausbreitungsökologischen Eigenschaften der meisten limnischen Entomostraken sind derart günstig, daß die zoogeographische Fragestellung sinngemäß ökologisch zu orientieren sein wird. Deduktiv kann eine solche Orientierung nun zunächst gelingen, wenn, wie dies zweifellos erforderlich ist, die Verbreitungsbilder der einzelnen Arten auf ihre Beziehung zu den Großklimaten hin analysiert werden. Dabei wird zu beachten sein, daß manche am Land zu unterscheidende Klimaräume zu Einheiten verschmelzen, sobald man ihre Wirksamkeit auf Gewässer in Betracht zieht. Deutlich werden sich im temperierten Gebiet immer, wie bereits hervorgehoben, ozeanisch und kontinental beeinflußte Zonen gegeneinander abgrenzen lassen, weniger Einfluß wird dagegen die höhere Feuchtigkeit des Mediterrangebietes gegenüber dem vorderasiatischen Steppengürtel haben, der erstem in thermischer Hinsicht gleichwertig erscheint (vgl. Troll 1955). Somit verlagern sich die Großklimate für den Wasserbewohner naturgemäß zugunsten der thermischen Eigenart, die im Thermoisoplethendiagramm ihren Ausdruck findet.

Zunächst läßt sich recht gut eine Gruppe abgrenzen, zu der Arten gehören, die im Norden ihr Hauptverbreitungsgebiet haben und teilweise kalt stenotherm sind. Ein Teil dieser Arten beschränkt sich im Gebiet und weiter südlich auf das Winterhalbjahr:

Diaptomus bacillifer　　　　　*Cyclops furcifer*
Cyclops strenuus　　　　　　　*Potamocypris unicaudata?*

Von diesen Arten ist *D. bacillifer* weitgehend kontinental und kaum je für Kleingewässer in ozeanisch beeinflußten Gebieten zu erwarten.

Zu weitverbreiteten polythermen Formen gehören:

Scapholeberis-Arten　　　　　*Notodromas monacha*
Moina rectirostris　　　　　　*Tropocyclops prasinus*[1]
Diaphanosoma brachyurum　　*Metacyclops gracilis*
Macrothrix rosea

Zu den zirkummediterranen Formen, die aber zweifellos noch weiter südöstlich ausstrahlen, gehören:

Diaptomus kupelwieseri　　　　*Metacyclops planus*

Ebenfalls zirkummediterran, aber im ozeanisch beeinflußten Gebiet weiter nach Norden ausstrahlend sind:

---

[1] Šrámek-Hušek (1957) gibt für diese Art auch Fundorte Kalter Gewässer an.

Daphnia atkinsoni
Herpetocypris chevreuxi (auch Südafrika)

Schließlich gehören zu einer Gruppe, deren Verbreitung bis nach Zentralasien reicht und deren westliche Begrenzung gerade im Osten Österreichs erreicht wird, wo der kontinentale Steppenraum bis an den Alpenrand reicht:

Daphnia similis
Branchinecta orientalis (vgl. Kertész 1955)
Hungarocypris madaraszi
Diaptomus spinosus

Alle übrigen Arten neigen zu ubiquistischer Lebensweise, unter den Diaptomiden z. B. *D. wierzeijski* (vgl. Tollinger 1911).

Somit läßt sich als wesentliches Charakteristikum des untersuchten Gebietes neben seinen chemischen Eigentümlichkeiten die Verflechtung von mediterranen und südöstlichen, asiatischen Steppenelementen hervorheben, zu denen sich vor allem im Winterhalbjahr auch noch kalt stenotherme Formen gesellen. So leicht sich letztere im tiefen See auch während des Sommers halten können, in den flachen, sich in ihrer gesamten Wassermasse erwärmenden Gewässern werden sie zu dieser Jahreszeit zurückgedrängt, ebenso wie auch die polythermen Arten im Winterhalbjahr verschwinden. Der stark ausgeprägte Wechsel der jahreszeitlichen Aspekte ist Ausdruck der Kontinentalität des Gebietes, dessen Gewässer, wie zu zeigen war, den limnischen Entsprechungen der Steppenräume zugeordnet werden dürfen[1].

Systematischer Anhang.

Im folgenden seien nun zu einigen Formen Angaben systematischer Art gemacht, um deren Identität auszuweisen und um noch einige Hinweise auf fragliche Beschreibungen anderer Autoren geben zu können.

Schwierigkeiten bestehen bezüglich der Abgrenzung von *Branchinecta orientalis* und *ferox*, die nach der Auffassung von Kertész (1955) nur Rassen sind: dementsprechend sollte es eigentlich *B. ferox orientalis* heißen. Nach Kertész soll außerdem im Westen nur *B. ferox* vorkommen und die ungarische Tiefebene die Mischzone beider Rassen sein, obwohl der Autor in seinem Verbreitungskärtchen für den Neusiedler See wieder *orientalis* angibt. Ich habe mich vorläufig der Meinung Pestas (1937) angeschlossen, glaube aber sehr wohl, daß eine Überprüfung des Seewinkelmaterials erforderlich sein wird, um dessen Zugehörigkeit sicherzustellen. Da

---

[1] Eine genauere Analyse der Steppengewässer ist in Vorbereitung.

in vorliegender Untersuchung auf die Euphyllopoden[1], deren Sammeltechnik entsprechend abgewandelt werden müßte, nur wenig Rücksicht genommen werden konnte, bleibt diese Frage vorläufig offen.

Die Systematik der Gattung *Daphnia* wurde von BROOKS (1957) auf den erforderlichen modernen Stand gebracht, leider nur für die nordamerikanischen Arten, die alle hier aufgezählten mit Ausnahme von *D. longispina* umfassen, deren Systematik noch einer Revision bedarf. Es handelt sich immer um *longispina longispina*. NOGRADI (1957) gibt für ungarische Natrongewässer *D. cucullata* an, die dem Zeitpunkt nach nichts anderes als juvenile Individuen von *D. atkinsoni* sein dürften, welche sich durch Helmbildungen auszeichnen.

Unter *Ceriodaphnia dubia* wird mit HARDING (1958) alles zusammengefaßt, was früher *affinis* Lilljeborg und *quadrangula var. affinis* (LILLJEBORG) hieß. Ausgezeichnet ist diese Form durch einen sehr feinen Klauenkamm.

PONYI (1956) hat den in Natrongewässern auftretenden *Diaptomus bacillifer* als eigene Art *natronophilus* abgetrennt. Da *bacillifer* ursprünglich aus Ungarn beschrieben ist, wäre eher noch mit einer Abtrennung der alpinen Formen zu rechnen gewesen. PONYI vergleicht außerdem seine Form nur mit Zeichnungen verschiedener Autoren, ohne Vergleichsmaterial zu benützen, ein nicht ganz einwandfreies Verfahren, wie auch MEGYERI (1958) hervorhebt. Die Tiere aus dem Seewinkelgebiet stehen nun mit vielen der angeblichen Artmerkmale zwischen „*natronophilus*" und den Originalbeschreibungen, so daß eher angenommen werden muß, daß die verschiedenen Autoren manche Einzelheiten bei ihren Zeichnungen weggelassen haben. So ist bei den ♀ Ba 1 (P 5) mit Höcker und Stachel versehen und das 1. Glied des Exp. an der Außenseite so bewehrt wie es „*natronophilus*" entsprechen würde, während der Enp. zwei deutlich getrennte Glieder zeigt. Ebenso lassen sich auch die ♂ zwischen beide Formen stellen, so daß, will man wirklich die *bacillifer*-Systematik untersuchen, ein großes Material von mehreren Gebieten erforderlich sein wird, um damit vielleicht Rassenkreise beschreiben zu können. Im ökologischen Teil wurde auch bereits auf *bacillifer* eingegangen, der keineswegs ein „*natronophilus*" ist, sondern nur stark euryhalin erscheint. (So ist die Art schon seit langem von Salzgewässern bei Halle bekannt.)

Für die Cyclopidensystematik stehen nunmehr neben den alten bewährten Werken die neuen Arbeiten LINDBERGS und DUSSARTS für *Eucyclops* und die *strenuus*-Gruppe zur Verfügung. In vor-

---

[1] Weitere Arten sind: *Triops cancriformis, Branchipus stagnalis, Tanymastix lacunae, Leptestheria dahalacensis, Limnadia lenticularis.*

liegender Arbeit wurde vor allem für Eucyclops diese Literatur berücksichtigt.

Bezüglich der Ostrakoden herrschen weiters keine Schwierigkeiten, doch sei darauf verwiesen, daß aus Ungarn *Heterocypris rotundatus* Bronst. und *Heterocypris inaequivalvis* Bronst. beschrieben worden sind, die möglicherweise auch im Seewinkel auftreten können. *Potamocypris unicaudata* hat sich als häufiger Bewohner der Seewinkelgewässer erwiesen: Auffallend ist bei dieser Art der große Unterschied im Schalenbau zwischen geschlechtsreifen und bereits Furka tragenden noch juvenilen Individuen, deren Schale zudem eine charakteristische Skulptur zeigt. Über ♂ einer *Limnocythere* aus 49 O, die *inopinata* zugehören (von dieser Art waren sie bislang nur aus Nordamerika bekannt), soll in einer späteren Arbeit berichtet werden.

Abschließend sei noch für *Pedalia fennica medica* festgestellt, daß diese Varietät, die identisch mit *polydonta* Hauer (1957) ist und stark alkalische Gewässer zu bevorzugen scheint, morphologisch mit Ausnahme der Zahnzahl des Kauers keine Unterschiede gegenüber der Stammform zeigt. Die Zahnzahl schwankt zwischen 9—11, während *fennica* 7—8 hat. Niemals traten Individuen mit 8—9 Zähnen auf, ebenso lag das zeitliche Maximum von *fennica* hauptsächlich im Juni, jenes von *medica* im Herbst. Einige Male traten auch hier beide Formen nebeneinander in einigen Gewässern auf, die SBV-Werte mittlerer Höhe hatten. Nur Züchtungsexperimente können die Beziehung zwischen Stammform und Varietät klären, doch scheinen die Funde von Iran, Anatolien und Seewinkel für die Existenz einer natronophilen Abart zu sprechen. Wie bereits angeführt ist es auch möglich, daß *medica* mit *jenkinae* identisch ist, so daß sich vielleicht sogar eine ökologisch und morphologisch gut abzugrenzende Art definieren lassen wird.

Die Nomenklatur der Rotatorien ist einheitlich nach Voigt (1957) ausgerichtet, für die Überprüfung mehrerer schwieriger Formen darf ich nochmals Frau Dozent Ruttner danken.

Zusammenfassung.

Die im Seewinkelgebiet auf einer Fläche von etwa 300 km^2 gelegenen 80 seichten Gewässer können durch ihre Lage in waldlosem, deutlich kontinental geprägtem Raum, dessen Charakteristik u. a. mit Hilfe der Thermoisoplethen gegeben wird, als limnische Entsprechungen eines Steppengebietes aufgefaßt werden.

Starke anorganische Trübungen und organische Färbungen, deren jeweiliges Ausmaß durch entsprechende Messungen skizziert wird, sind für einen Großteil der Lacken typisch.

Die stark zonale chemische Gliederung der Gewässer bleibt zu allen Jahreszeiten bestehen, Spitzenwerte für das SBV erreichen 143, während die Chloridkonzentrationen nur knapp 2 g/l überschreiten. Häufige sommerliche Magnesium-Abnahmen werden durch den Anstieg des p_H erklärt, der schließlich zur Ausfällung von $MgCO_3$ führt. Starke Schwankungen im Sulfatgehalt, vor allem während der winterlichen Eisbedeckung, können vorläufig nur durch bakteriellen Schwefelumsatz gedeutet werden.

Entomostraken und Rotatorien (insgesamt etwa 140 Arten) werden auf ihre jahreszeitliche Verteilung hin untersucht und ein starker Wechsel der Faunenaspekte hervorgehoben. Ökologisch gesehen lassen sich wenigstens 3 Arten als natronophil bezeichnen. Außerdem finden sich wahllos halophile Formen und einige auf Sulfat- und Chloridgewässer beschränkte Rotatorienarten. Arten, die nur Chloridgewässer bevorzugen, fehlen im Gebiet. Dieser Gruppierung entsprechend wird vorgeschlagen, bei Salinitäts-angaben für Binnengewässer diese mit einem Anionenindex zu versehen.

Eine kurze Übersicht über die Besiedlungsdichten in den einzelnen Gewässern wird gegeben und abschließend eine zoogeographische Gruppierung in zirkummediterrane, zirkummediterran-atlantische Formen getroffen, der eine weitere Artengruppe mit stark östlich-südöstlicher Ausdehnung gegenübersteht.

Ein Anhang nimmt zu systematischen Fragen Stellung.

Literatur.

Beadle, L. C., 1932: Scientific Results of the Cambridge Expedition to the East African Lakes, 1930–1931. – J. Linn. Soc. 38.

Brooks, J. L., 1957: The Systematics of North American Daphnia. – Mem. Conn. Acad. Arts & Sci. XIII.

Dussart, B., 1958: Remarques sur le genre Cyclops s. str. – Hydrobiologia X.

Franz, H., Höfler, K., Scherf, E., 1937: Zur Biosoziologie des Salzlackengebietes am Ostufer des Neusiedler Sees. – Verh. Zool. Bot. Ges. 86/87.

Gauthier, H., 1928: Recherches sur la fauna des eaux continentales de l'Algerie et de la Tunisie. – Diss., Paris.

— 1941: Titres et travaux scientifiques de Henri Gauthier.

Gessner, F., 1957: Van Gölü, zur Limnologie des großen Soda-Sees in Ostanatolien. – Arch. Hydrobiol. 53.

Gerabek, K., 1952: Die Gewässer des Burgenlandes. Burgenländ. Forsch. 20.

Geyer, F., Mann, H., 1939: Limnologische und Fischereibiologische Untersuchungen am ungarischen Teil des Fertö.-Arb. Ungar. Biol. Forschungsinst. XI.

Graf, H., 1938: Beitrag zur Kenntnis der Muschelkrebse des Ostalpengebietes. – Arch. Hydrobiol. 33.

Harding, J. P., 1958: A Key to the British Species of Freshwater Cladocera. Freshwater Biol. Ass. Publ. 5.

HAUER, J., 1957: Rotatorien aus dem Plankton des Van-Sees. – Arch. Hydrobiol. 53.

HUTCHINSON, G. E., PICKFORD, G. E., SCHUURMAN, J. F. M., 1932: A Contribution to the Hydrobiology of Pans and other Inland Waters of South Africa. – Arch. Hydrobiol. 24.

HUTCHINSON, G. E., 1937: A Contribution to the Limnology of Arid Regions. – Trans. Conn. Acad. Arts, Sci. 33.

— 1957: A Treatise on Limnology.

JENKIN, P. M., 1932: Reports on the Percy Sladen Expedition to Some Rift Valley Lakes in Kenya in 1929. – Ann. Mag. Nat. Hist. X, 18.

KERTÉSZ, G., 1955: Die Anostraca-Phyllopoden der Natrongewässer bei Farmos. – Acta Zool. Acad. Sci. Hung. I, 3–4.

— 1956: The Rotifers of the Periodical Waters of Farmos. – ibid. II, 4.

KLIE, W., 1926: Zweiter Beitrag zur Kenntnis der Süßwasser-Ostracoden Rußlands. – Arb. Biol. Wolga Stat. IX, 1–2.

— 1933: Ein für Deutschland neuer Muschelkrebs (Herpetocypris chevreuxi Sars) aus dem östlichen Holstein. – Schriften Naturw. Ver. Schleswig-Holstein XX, 1.

— 1937: Die Entomostrakenfauna kalkarmer Seen Norddeutschlands mit vergleichsweiser Berücksichtigung normal kalkhaltiger Seen des gleichen Gebietes. – Arch. Hydrobiol. 31.

— 1938: Ostrakoda. In Dahl, Tierwelt Deutschlands.

KOL, E., GYÖRFFY, St., 1931: Zur Hydrobiologie eines Natronsees bei Szeged in Ungarn. – Verh. Int. Ver. Limnol. 5.

KÜHNELT, W., 1955: Zoologische Untersuchungen an den Salzlacken des Seewinkels. – Anz. Math. Nat. Kl. Akad. Wiss., 14.

LEGLER, F., 1941: Zur Ökologie der Diatomeen burgenländischer Natrontümpel. – Sitzber. Akad. Wiss. math.-nat. Kl. I, 150, 1, 2.

LINDBERG, K., 1949: Contribution à l'étude de quelques Cyclopides du groupe strenuus provenant principalement du Nord de l'Eurasie. – Arkiv Zool. 1.

— 1957: Cyclopides de la Côte d'Ivoire. – Bull. I. F. A. N. XIX, A, 1.

LÖFFLER, H., 1954: Über eine Varietät von Pedalia fennica aus Nordwestpersien. – Zool. Anz. 152.

— 1956: Limnologische Untersuchungen an Iranischen Binnengewässern. – Hydrobiologia VIII, 3–4.

— 1957: Vergleichende limnologische Untersuchungen an den Gewässern des Seewinkels (Burgenland). – Verh. Zool.-Bot. Ges. Wien.

— 1958: Die Klimatypen des holomiktischen Sees und ihre Bedeutung für zoogeographische Fragen. – Sitzber. Österr. Akad. Wiss. math.-nat. Kl. I, 1, 2.

— im Druck: Der Niriz-See im Iran und sein Einzugsgebiet.

LOWNDES, A. G., 1928: Freshwater Copepoda and Hydrogen Ion Concentration Ann. Mag. Nat. Hist. X, 1.

MACHURA, L., 1935: Ökologische Studien im Salzlackengebiet des Neusiedler Sees, mit besonderer Berücksichtigung der halophilen Coleopteren- und Rynchoten-Arten. – Z. wiss. Zool. 146.

362 Löffler, Zur Limnologie, Entomostraken- u. Rotatorienfauna usw.

Margalef, R., 1953: Los crustaceos de las aguas continentales ibericas
Publ. Ministerio Agricultura X.
— 1955: Los organismos indicatores en la limnologia. – ibid. XII.
Megyeri, J., 1951: Les Crustacés de la région de Kiskunhalas. – Acta Univ.
Szeged. III, 1–4.
— 1958a: A Szelidi-tó Crustacea-planktonja. – Különlenyomat Segedi
Pedagógiai Föiskola Evkönyvéböl.
— 1958b: Hidrobiólogiai vizsgálatok a bugaci szikes tavakon ibid.
Nógradi, T., 1956: Limnologische Untersuchungen an Natrongewässern der
ungarischen Tiefebene. – Hidrólogiai Közlöny 36.
— 1957: Beiträge zur Limnologie und Rädertierfauna ungarischer Natron-
gewässer. – Hydrobiologia IX.
Ohle, W., 1933: Chemische und physikalische Untersuchungen norddeutscher
Seen. – Arch. Hydrobiol. 26.
Pesta, O., 1937: Beiträge zur Kenntnis der Tierwelt des Zicklackengebietes
am Ostufer des Neusiedler Sees im Burgenland. – Zool. Anz. 118.
— 1952: Studien über die Entomostrakenfauna des Neusiedler Sees. –
Wissenschaftl. Arbeiten aus dem Burgenland.
— 1954: Notiz über ein Vorkommen von Diaptomus wierzejski Richard in
Niederösterreich. – Anz. math.-nat. Kl. Österr. Akad. Wiss. 7.
Ponyi, E., 1956: Die Diaptomus-Arten der Natrongewässer auf der Großen
Ungarischen Tiefebene. Zool. Anz. 156.
Protic, G., 1925: Hydrobiologische Untersuchungen an alkalischen Gewäs-
sern der Donaulandschaft Jugoslaviens. – Arch. Hydrobiol. 29.
Reinsch, K., 1924: Die Entomostrakenfauna in ihrer Beziehung zur Makro-
flora der Teiche. – Arch. Hydrobiol. XV.
Remane, A., Schlieper, C., 1958: Die Biologie der Brackwässer. – Binnen-
gewässer XXII.
Rodewald, L., 1940: Rädertierfauna Rumäniens IV. – Zool. Anz. 130.
Schäfer, H. W. 1943: Über zwei neue deutsche Arten der Süßwasser-
Ostrakoden. – Zool. Anz. 143.
Šrámek-Hušek, R., 1957: Zur Verbreitung und Ökologie des Tropocyclops
prasinus in Mähren. – Acta Soc. Zool. Bohemoslov. XXI, 2.
Stephanides, Th., 1948: A Survey of the Freshwater Fauna Biology of
Corfu and of Certain Other Regions of Greece. – Publ. Hellen. Hydro-
biol. Inst. II, 2.
Stundl, K., 1938: Limnologische Untersuchungen von Salzgewässern und
Ziehbrunnen im Burgenland. – Arch. Hydrobiol. 34.
Thienemann, A., 1950: Verbreitungsgeschichte der Süßwassertierwelt
Europas. – Binnengewässer XVIII.
Tollinger, A., 1911: Die geographische Verbreitung der Diaptomiden. –
Zool. Jb. XXX.
Troll, C. 1943: Thermische Klimatypen der Erde. – Pet. Mitt. 89.
— 1955: Der jahreszeitliche Ablauf des Naturgeschehens in den verschie-
denen Klimagürteln der Erde. – Studium Generale 8, 12.
Varga, L., 1932: Katastrophen in der Biözönose des Fertö. – Int. Rev.
Hydrobiol. 27.
Voigt, M., 1957: Rotatoria, die Rädertiere Mitteleuropas.

Die in den Sitzungsberichten Abtlg. I und Abtlg. II a der math.-nat. Klasse der Österr. Ak. d. Wiss.
erscheinenden Abhandlungen werden auch einzeln abgegeben. Sie können durch jede Buchhandlung
oder direkt durch die Auslieferungsstelle der Österreichischen Akademie der Wissenschaften (Wien I,
Singerstraße 12) bezogen werden.

Nachfolgende Abhandlungen aus dem **Fache Botanik** (Biologie) sind erschienen:

1953 (S I Bd. 162):

Loub W.: Zur Algenflora der Lungauer Moore (mit 3 Textabbildungen). S 22.90
Wimmer Ch., und Höfler K.: Über die Eigenfluoreszenz lebender, absterbender und toter Flo-
  rideenzellen (mit 3 Textabbildungen). S 9.60
Diskus A.: Vom Osmoseverhalten halophiler Euglenen vom Neusiedler See (mit 3 Tafeln). S 8.50

1954 (S I Bd. 163):

Kiermayer O.: Die Vakuolen der Desmidiaceen, ihr Verhalten bei Vitalfärbe- und Zentrifugierungs-
  versuchen (mit 23 Textabbildungen), 48 Seiten. S 32.30
Loub W., Url W., Kiermayer O., Diskus A., und Hilmbauer K.: Die Algenzonierung in Mooren
  des österreichischen Alpengebietes (mit 1 Textabbildung und 3 Tafeln), 48 Seiten. S 26.70
Luhan Maria: Zur Wurzelanatomie unserer Alpenpflanzen III. Gentianaceae (mit 4 Textabbildungen
  und 1 Tafel), 19 Seiten. S 14.90
Poelt J.: Moosgesellschaften im Alpenvorland I (mit 3 Textabbildungen), 34 Seiten. S 15.10
Poelt J.: Moosgesellschaften im Alpenvorland II (mit 1 Textabbildung), 45 Seiten. S 26.50
Scheidl W.: Auslösung von Vakuolenkontraktion durch undissoziierte Basen (mit 12 Textabbildun-
  gen und 15 Diagrammen), 44 Seiten. S 28.—
Schiller J.: Über Cyanophyceen aus kleinen künstlichen Wasserbecken und aus dem Ruster Kanal
  des Neusiedler Sees (mit 17 Textabbildungen [49 Einzelbilder]), 31 Seiten. S 23.40

1955 (S I Bd. 164):

Hölzl J.: Über Streuung der Transpirationswerte bei verschiedenen Blättern einer Pflanze und
  bei artgleichen Pflanzen eines Bestandes (mit 8 Textabbildungen). S 40.—
Huber Elfriede: Vitalfärbungsversuche an Hochmooralgen mit leeren und vollen Zellsäften
  (mit 13 Abbildungen auf 3 Tafeln). S 36.40
Kiermayer O.: Über die Reduktion basischer Vitalfarbstoffe in pflanzlichen Vakuolen (mit 4 Tafeln
  und 1 Farbtafel). S 25.20
Loub W.: Algenbiozönosen des Neusiedler Sees (mit 9 Textabbildungen). S 22.—
Url W.: Resistenz von Desmidiaceen gegen Schwermetallsalze (mit 8 Abbildungen auf 2 Tafeln).
  S 23.—
Ziegler Annemarie: Die blau fluoreszierenden Idioblasten der Scrophulariaceen: Morphologie,
  Mikrochemie und Vitalfärbbarkeit (mit 19 Abbildungen im Text und auf 3 Tafeln). S 46.90

1956 (S I Bd. 165):

Abel W. O.: Die Austrocknungsresistenz der Laubmoose (mit 14 Abbildungen im Text und auf
  5 Tafeln). S 73.30
Fetzmann Elsa Leonore: Beitrag zur Algensoziologie (mit 3 Textabbildungen, 4 Tafeln und
  1 Beilage). S 73.60
Lenk Ingeborg: Vergleichende Permeabilitätsstudien an Süßwasseralgen (Zygnemataceen und
  einige Chlorophyceen) (mit 7 Textabbildungen). S 83.60
Sperlich A.: Die Fortpflanzungstüchtigkeit (Phyletische Potenz) des Fremdbefruchters. Nach
  Versuchen mit drei Formen des Alectorolohus hirsutus (Lam.) Alb. S 58.90

1957 (S I Bd. 166):

Politis J.: Über die „Tanninoplasten" oder Gerbstoffbildner der Crassulaceae (mit 2 Textabbildungen
  und 1 Tafel). S 6.—
Politis J.: Über einen neuen Pflanzenfarbstoff in den Blüten einiger Verbascum-Arten (mit 2 Tafeln).
  S 5.20
Übeleis Ilse: Osmotischer Wert, Zucker- und Harnstoffpermeabilität einiger Diatomeen (mit
  1 Textabbildung). S 30.40

1958 (S I Bd. 167):

Höfler Karl: Permeabilitätsstudien an Parenchymzellen der Blattrippe von Blechnum spicant (mit
  5 Textabbildungen). S 45.—
Rechinger K. H., Dulfer H. und Patzak A.: Sirjaevii fragmenta astragalogica IV. S 38.10
Url Walter: Zur Wirkung der Atmungsgifte Natriumazid und Dinitrophenol auf die Permeabilität
  von Blechnum spicant-Zellen (mit 3 Textabbildungen). S 25.—
Wawrik Friederike: Hochgebirgs-Kleingewässer im Arlberggebiet III (mit 3 Textabbildungen
  und 1 Tafel). S 18.90